電気・電子計測【第4版】

阿部 武雄／村山 実 共著
Takeo Abe   Minoru Murayama

森北出版株式会社

●本書のサポート情報を当社Webサイトに掲載する場合があります．
下記のURLにアクセスし，サポートの案内をご覧ください．

https://www.morikita.co.jp/support/

●本書の内容に関するご質問は，森北出版 出版部「(書名を明記)」係宛
に書面にて，もしくは下記のe-mailアドレスまでお願いします．なお，
電話でのご質問には応じかねますので，あらかじめご了承ください．

editor@morikita.co.jp

●本書により得られた情報の使用から生じるいかなる損害についても，
当社および本書の著者は責任を負わないものとします．

■本書に記載している製品名，商標および登録商標は，各権利者に帰属
します．

■本書を無断で複写複製（電子化を含む）することは，著作権法上での
例外を除き，禁じられています．複写される場合は，そのつど事前に
(一社)出版者著作権管理機構（電話03-5244-5088，FAX03-5244-5089，
e-mail：info@jcopy.or.jp）の許諾を得てください．また本書を代行業者
等の第三者に依頼してスキャンやデジタル化することは，たとえ個人や
家庭内での利用であっても一切認められておりません．

第4版　まえがき

　第26回国際度量衡総会（CGPM）ですべての"基本単位が物理定数によって決定すること"が決議され（2019年5月20日より実施），第2章を大幅改訂する必要性が生まれました．

　1960年にSI単位のメートル（長さの基準）の定義が，メートル原器から光の波長に関係付けられるように決議されました．しかし，基本単位が一貫した単位系を構成しているにも関わらず，定義がそのようになっておらず，とくにキログラム（質量の基準）だけが人工物による定義として課題が残されていました．2011年にキログラムの定義をプランク定数に依存するように提案され，2018年のCGPMで決議承認され，ここで基本単位の定義に人工物による定義が一つもなくなり，すべてが物理定数による定義となりました．このことは非常に意義深い歴史的な決議であると感じています．また，2017年10月に単位諮問委員会（CCU）から四つの物理定数（プランク定数，電気素量，ボルツマン定数，アボガドロ定数）が発表され，このことを受けてCGPMでは次の四つの決議がなされました．

- 国際キログラム原器は廃止し，現行のキログラムの定義は廃止される．
- 現行のアンペアの定義は廃止される．
- 現行のケルビンの定義は廃止される．
- 現行のモルの定義は改訂される．

以上が改訂に至る経緯であり，第3版と同様に愛読して頂ければ幸甚に存じます．

2019年8月

著　者

第3版　まえがき

　情報化社会，コンピュータ社会の進展が予想以上の速度で加速している今日，ついイマジナリーなものだけに価値を奪われ，実体を無視した方向付けがなされても気がつかないことがある．しかし，自然科学，社会科学，医学等の分野においては，実体の正確な把握なしには科学技術の発展は考えられず，理論と実験との照合や検証を行う必要性は，コンピュータ技術がいかに進展しようとも不変である．

　第2版出版当時でも，電子技術，とくにディジタル技術が計測分野にも取り入れられ，それまでのアナログ技術に代わって，その発展が大きく期待される時代であった．しかし，当時のディジタル計器は高価であったり，アナログ計器に慣れ親しんでいることなどから，アナログ計器が重宝されていた．今日では，ディジタル計器の方がむしろ廉価で，多機能であることなどから，一般的になっている分野もある．第3版の改訂にあたり，ディジタル計器に終始させるべきか否か迷ったが，電気・電子計測の基本を理解するには，従来の計器を除外しないで欲しいという，これまで本書を愛読して頂いた方々の強い要望もあり，アナログ計器をある程度残し，ディジタル計器については増量して第7章にまとめることとした．

　第2版の第2章「電圧・電流の測定」，第6章「電力，力率，電力量の測定」を，第3版では「直流・低周波の測定」にまとめ，また，第2版の抵抗，インピーダンス，電力のマイクロ波に関する測定は，第3版では第8章「マイクロ波の測定」で記述した．第2版の第10章「電気・電子計測のためのエレクトロニクス」は他書を参考にして頂くこととし，第3版では削除した．演習問題は，計測技術を把握するには重要事項と捉え，第3版ではいくつか追加した．

　また，実際の測定器を見てもらうために，実物の写真を掲載した．掲載にあたり，写真提供に快く応じて頂いた長岡工業高等専門学校片桐裕則教授および各企業，その関係者に，心より感謝申し上げる．

2012年9月

著　者

第2版　まえがき

　「基礎電気・電子工学シリーズ」の一つとして出版された『電気・電子計測』の第1版が刊行されて7年を経過しようとしている．当時は，電気磁気計測を中心とした伝統的な電気計測の出版物が多かったときで，電子計測を中心とした本書はある評価を得た．このことは，関係者の嬉びであるとともに，読者の皆様に感謝するところである．

　電気，電子工学に関する学術は，発展の一途をたどり，その取り扱われる範囲も広がる一方である．このような時代を背景として，執筆者や編者が検討した結果，いくつかの改良すべき点があることに気がついた．また，読者の皆様から，貴重な助言と提言を頂き，この度，本書を改訂することとなった．

　改訂の方針の大略は次のものである．

（1）　電子技術の基礎は最終章に移す．

（2）　各章の文はできる限り簡潔にまとめる．

（3）　一般的に関心の薄いものは削除する．

　今回の改訂版の出版にあたり，読者から提供された貴重な助言に対し，改めて感謝するとともに，関係各位には格別のご協力を頂いた事に心よりお礼を申し上げる．

　1994年10月

著　　者

まえがき

　近年の工業科学の進歩を振り返るとき，理論の裏付けとしての実験と，実験の推進力としての理論が，車の両輪として調和しながら競合してきたことに思い当る．同時に，基礎科学，工学，産業界をとわず，実験分野における電気・電子計測の進歩が，これらに大きく寄与したことは疑いもない．また，電気・電子計測も他分野の進歩の影響を受け，計測方式や形態が大きく変化し，それを他分野に正帰還し，一層の進展を成し遂げてきた．今後もしかるべき発展を期待するには，理論分野の基礎作りはもとより，それを実証する実験科学は，いっそう重要な事柄になる．産業界においてはますます計装化，自動化，省力化が進み，基礎科学では，システム化，高精度化，高速化が進むであろう．このようなときに，本書の主題である電気・電子計測技術が，制御理論と相まって大きな力となるであろう．

　また，電気・電子計測技術が最近では電気・電子系技術者の占有物ではなくなり，工学分野はもとより，医学，生物学，農学をはじめ各分野でエレクトロニクスを利用した制御・計測が行われるようになった．そして電気・電子技術を駆使しないで発展が期待できない状況にまで至っている．

　本書は，おもに大学，短期大学，高等専門学校の電気系学生を対象としているが，上記の意味で，その対象は必ずしも電気系学生に限らない．また，すでに社会人として活躍中の人々にも電気・電子計測の近年の傾向を知って頂くのに役立てばとも思っている．

　第1章〜第10章までから成り，第1章は電気・電子計測に関する単位系の歴史について述べた．第2章では伝統的な計器について述べてある．

　電気・電子計測の基本形式が変換と電流・電圧測定にあるとして，第3章に電流・電圧の計測について章をもうけ，第10章にトランスデューサについて述べた．

　最近の計測技術全般が電子技術，特にディジタル技術を導入していることから，第9章に電子技術，ディジタル技術の計測工学に必要な部分を記述した．

　各章の随所に電子技術，ディジタル計測を折り込んだが，今日の電子技術を総合すると十分とはいえない．しかし，本書の入門書としての性格を考慮すると将来の指針としての役割はなし得ると思う．

　以上のほかに各章中に例題を，また章末に演習問題を，巻末には略解を付した．

共著者の 2 人で全般を担当したものの，説明不足や誤りをおかし，意に反する箇所も多々見受けられると思われる．読者諸氏のご批判，ご叱正がいただければ，著者の成長の糧となろう．

　本書をつくるにあたり，内外の多数の著書，論文を参考とした．ここに，諸先輩のご努力に敬意を表するとともに，深く謝意を表したい．

　おわりに，本シリーズの企画，編集を担当され，有益なご指導を賜った東京工業大学名誉教授西巻正郎先生，ならびに本書執筆のお薦めをいただいた東京工業大学名誉教授，東京工業高等専門学校長関口利男先生に厚くお礼を申し上げる．また本書の出版まで何かとお世話いただいた森北出版株式会社社長森北肇氏に心から感謝の意を表する次第である．

1988 年 2 月

著　者

目　次

第1章　**計測の基礎**　　　　　　　　　　　　　　　　　　　*1*

1.1　計測とは　………………………………………………………　*1*

1.2　測定法　…………………………………………………………　*2*

1.3　精度と誤差　……………………………………………………　*2*

1.4　測定値の処理　…………………………………………………　*4*

1.5　誤差の伝搬と丸めの誤差　……………………………………　*7*

演習問題　……………………………………………………………　*10*

第2章　**単位系と標準**　　　　　　　　　　　　　　　　　　*12*

2.1　SI 単位系　……………………………………………………　*12*

2.2　基本単位と組立単位　…………………………………………　*13*

2.3　国家計量標準とトレーサビリティ　…………………………　*15*

2.4　電気量の標準　…………………………………………………　*16*

2.5　標準器　…………………………………………………………　*19*

演習問題　……………………………………………………………　*21*

第3章　**電気・電子計器の基礎**　　　　　　　　　　　　　　*22*

3.1　指示計器の分類　………………………………………………　*22*

3.2　指示計器の構成　………………………………………………　*24*

3.3　各種指示計器　…………………………………………………　*27*

3.4　測定範囲の拡大　………………………………………………　*36*

3.5　電子式計器　……………………………………………………　*41*

演習問題　……………………………………………………………　*41*

目　次　*vii*

第4章　直流・低周波の測定　*43*

4.1　指示計器による電流・電圧測定 $\cdots$ *43*

4.2　電位差計 $\cdots$ *44*

4.3　微小電流・電圧の測定 $\cdots$ *47*

4.4　大電流の測定 $\cdots$ *47*

4.5　高電圧の測定 $\cdots$ *49*

4.6　特殊な変流器，特殊な測定 $\cdots$ *49*

4.7　電力の測定 $\cdots$ *51*

4.8　無効電力の測定 $\cdots$ *54*

4.9　微小電力の測定 $\cdots$ *55*

4.10　大電力の測定 $\cdots$ *55*

4.11　電力量の測定 $\cdots$ *56*

4.12　力率の測定 $\cdots$ *58*

演習問題 $\cdots$ *59*

第5章　抵抗・インピーダンスの測定　*62*

5.1　中位抵抗の測定 $\cdots$ *62*

5.2　低抵抗の測定 $\cdots$ *64*

5.3　高抵抗の測定 $\cdots$ *66*

5.4　特殊抵抗の測定 $\cdots$ *67*

5.5　インピーダンスの測定 $\cdots$ *69*

演習問題 $\cdots$ *74*

第6章　磁界・時間の測定　*77*

6.1　磁束・磁界の測定 $\cdots$ *77*

6.2　磁化特性と鉄損 $\cdots$ *81*

6.3　周波数・時間の測定 $\cdots$ *83*

6.4　位相の測定 $\cdots$ *88*

演習問題 $\cdots$ *90*

viii　目　次

第7章　ディジタル計器　　92

7.1　A-D 変換の基礎 ‥‥‥‥‥‥‥‥‥‥‥‥‥‥‥‥　92
7.2　各種のディジタル計器 ‥‥‥‥‥‥‥‥‥‥‥‥‥　94
演習問題 ‥‥‥‥‥‥‥‥‥‥‥‥‥‥‥‥‥‥‥‥‥　98

第8章　マイクロ波の測定　　99

8.1　マイクロ波伝送の基礎理論 ‥‥‥‥‥‥‥‥‥‥‥　99
8.2　インピーダンスの測定 ‥‥‥‥‥‥‥‥‥‥‥‥‥　101
8.3　マイクロ波電力の測定 ‥‥‥‥‥‥‥‥‥‥‥‥‥　102
演習問題 ‥‥‥‥‥‥‥‥‥‥‥‥‥‥‥‥‥‥‥‥‥　104

第9章　波形の観測と記録　　105

9.1　波形観測装置 ‥‥‥‥‥‥‥‥‥‥‥‥‥‥‥‥‥　105
9.2　スペクトラムアナライザ ‥‥‥‥‥‥‥‥‥‥‥‥　110
9.3　データロガ ‥‥‥‥‥‥‥‥‥‥‥‥‥‥‥‥‥‥　111
演習問題 ‥‥‥‥‥‥‥‥‥‥‥‥‥‥‥‥‥‥‥‥‥　112

第10章　応用計測　　113

10.1　雑音測定 ‥‥‥‥‥‥‥‥‥‥‥‥‥‥‥‥‥‥　113
10.2　レベルに関する量，ひずみ率の測定 ‥‥‥‥‥‥　115
10.3　電気量以外の測定 ‥‥‥‥‥‥‥‥‥‥‥‥‥‥　117
10.4　遠隔測定 ‥‥‥‥‥‥‥‥‥‥‥‥‥‥‥‥‥‥　125
演習問題 ‥‥‥‥‥‥‥‥‥‥‥‥‥‥‥‥‥‥‥‥‥　132

演習問題解答 ‥‥‥‥‥‥‥‥‥‥‥‥‥‥‥‥‥‥‥‥‥　134
参考文献 ‥‥‥‥‥‥‥‥‥‥‥‥‥‥‥‥‥‥‥‥‥‥‥　145
索　引 ‥‥‥‥‥‥‥‥‥‥‥‥‥‥‥‥‥‥‥‥‥‥‥‥　146

計測の基礎

「"ある量"が基準の何倍であるかを数量的に求め，目的に適合するように行う一連の操作」を計測という．ここでいう"ある量"とは，自然界に存在するあらゆる量が対象で，自然科学をはじめ社会科学，人文科学，医学とすべての分野におよぶのであるが，本書では，電流，電圧，インピーダンスなど，電気・電子技術に関する範囲に限定している．

本章では計測の意義，測定法，測定値の取り扱い方法について説明する．

 計測とは

計測は機械器具を使用せずに，人間の五感で計測してもよいが，その量が微弱すぎたり，人間に感じる能力がなかったり，危険を伴う場合は直接計測できず，器具の助けを借りなければならない．このように，計測を行うための機械器具を計測器あるいは測定器という．

その計測器（測定器）は，次の条件を満足しなければならない．
　①計測対象の変化に"忠実"であること．
　②計測データが，次の処理の目的に適合した型に変換されていること．
　③経済的に適当であること．

測定は，単に測定だけが目的ではなく，次の段階でデータを利用することが多いことから，②の事項が重要になる．測定された結果が信頼性の高いものになるためには，時間，場所，測定環境に関係なく，共通性，不偏性，互換性，標準性が高くなければならない．このように，測定結果に共通性，不偏性を与えるために，世界共通の比較基準が設定されている．この比較基準を**単位**（unit）という．

また，測定精度は高いに越したことはないが，必要以上に高い場合は，測定に経費がかかり高価なデータとなる．逆に，精度が悪すぎると目的を達することができないことから③が重要な事項となる．

1.2 測定法

1.2.1 直接測定と間接測定

被測定物と同種類の基準と比較して測定する方法を**直接測定**（direct measurement）という．それに対し，いくつかの独立な直接測定した値から，計算などにより目的の測定値を得る方法を，**間接測定**（indirect measurement）という．電位差計や電圧計で電圧を測定する方法は直接測定であり，電流と電圧を測定して抵抗値を求める方法は間接測定である．

1.2.2 比較測定と絶対測定

被測定量を同種の既知量と比較して測定する方法を**比較測定**（relative measurement）といい，物理学の基本単位である長さ，質量，時間の測定から測定値を決定する方法を**絶対測定**（absolute measurement）という．

1.2.3 偏位法，零位法と置換法

計器や測定システムは，一言でいえば被測定量を目に見える形に変換することともいうことができる．指針の状態で次の3種類に分類できる．

①**偏位法**（deflection method）：
指針が偏位した位置で測定値を読み取る方法．

②**零位法**（zero method）：
被測定量と基準量の平衡をとり，指針をゼロにして測定値を決定する方法．

③**置換法**（substitution method）：
被測定量による偏位が，基準量の偏位に等しくなるように調整して測定する方法．

1.3 精度と誤差

1.3.1 誤差と補正

雑音，計器の限界，環境への適応性などから，測定値には必ず誤差が含まれる．真の値（**真値**；true value）と測定値の差を**誤差**（error）といい，真値への補正量を**補正値**（correction）という．誤差 ε と補正値 α の間には次の関係がある．

$$\varepsilon = M - T \tag{1.1}$$

$$\alpha = T - M = -\varepsilon \tag{1.2}$$

ここで，M は測定値，T は真値である．実際は，真値は不明のことが多く，平均値や理論値を真値としている．一般的に，測定値が大きくなると誤差や補正値が大きくなる．測定の程度を表現するのに，誤差や補正を，真値や測定値との比で表現した方が適切であることが多い．

①**誤差率**あるいは**相対誤差**（relative error）：

$$\frac{\varepsilon}{T}$$

②**誤差百分率**（percentage error）：

$$\frac{\varepsilon}{T} \times 100 \,[\%]$$

③**補正率**あるいは**相対補正**（relative correction）：

$$\frac{\alpha}{M}$$

④**補正百分率**（percentage correction）：

$$\frac{\alpha}{M} \times 100 \,[\%]$$

1.3.2 誤差の原因

誤差は人為的なものと偶発的なものに大別できる．人為的なものは除くことができることが多いのに対し，偶発的なものは除くことができないことが多い．

(1) 間違い

読み違い，記録違い，取り扱いの不注意，計器の不整備など，不注意により生じる誤差を，**間違い**（mistake）という．注意深く測定し，再測定，理論値との比較などで，これらの誤差は除くことができる．

(2) 系統誤差

計器自身がもっている誤差（**器差**），測定環境の変化に伴う誤差，測定器を挿入したための誤差，個人差によるかたよりなどを**系統誤差**（system error）という．原因によっては除けなくとも，補正できるものがほとんどである．測定器のカタログやマニュアルに記されている誤差は，ほとんどが系統誤差である．

(3) 偶然誤差

まちがいや系統誤差は原因のわかる誤差で，理論的に補正できたり，測定環境を整備することで対処できるのに対し，**偶然誤差**は，原因が不明か，わかっていても除くことのできない誤差をいう．**熱雑音**は室温で実験しているかぎり必ず混入する雑音で

あり，偶然誤差の代表的なものである．この誤差はランダムであるとされることが多いので，統計的手法により測定値を推定することができる．

1.3.3 精度と感度

精度，感度の定義は，実験現場ではときにはあいまいになっているが，計測関係では厳密に定義されている．ここで，精度，精密さ，正確さについて定義する．

① **精度**（precision accuracy）：
"精密さ"と"正確さ"を含めたものをいう場合がある．

② **精密さ**（precision）：
測定値のばらつき度合のことである．

③ **正確さ**（accuracy）：
測定値のかたよりの度合のことで，平均値と真値との差である．

④ **感度**（sensitivity）：
計測可能な最小量のことをいう．

上記の説明を図 1.1 に示す．

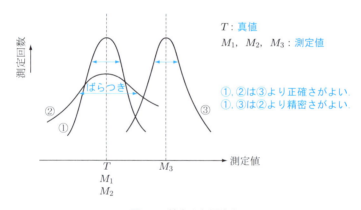

図 1.1 精密さと正確さ

1.4 測定値の処理

測定値に誤差が含まれているときは，データを処理して誤差の影響を軽減する．この節では，偶然誤差に対するデータの処理方法について述べる．

1.4.1 ガウスの誤差法則

偶然誤差については，次の①〜③の**ガウスの誤差法則**が成立する．

①小さい誤差は大きい誤差より生じやすい.

②同じ誤差は正負ともに同じ割合で生じる.

③非常に大きい誤差はほとんど生じない.

1.4.2　平均値

平均値は簡単な処理方法であるが，説得力のある処理方法である．測定値を x_1，$x_2, \ldots, x_n$ とすると，平均値 $\bar{x}$ は次式となる.

$$\bar{x} = \frac{1}{n}(x_1 + x_2 + \cdots + x_n) = \frac{1}{n}\sum_{i=1}^{n} x_i \tag{1.3}$$

データ数 n が多くなるにつれ，平均値に含まれる誤差は小さくなる.

また，サンプルを移動しながら平均をとる方法に**移動平均法**がある．移動平均法は，時々刻々変化するデータ（時系列データ）の雑音を軽減し，変動の傾向を知る方法の一つである．移動平均法を用いるときは，定常性，サンプル数，周期性などに注意して利用しなければならない.

1.4.3　標準偏差と分散

測定値と平均値（母平均）の差を**偏差**（deviation）といい，偏差の 2 乗和平均 u を**分散**，その平方根を**標準偏差** σ といい次式で表す.

$$u = \sigma^2 = \frac{1}{n}\sum_{i=1}^{n}(x_i - \mu)^2 \tag{1.4}$$

母平均 μ と**標本平均** $\bar{x}$ は異なる値であるが，$n \to \infty$ で $\bar{x} \to \mu$ となる．このように，$n \to \infty$ で標本のパラメータが母集団のパラメータに一致するものを不偏推定量という．式 (1.4) で，μ のかわりに $\bar{x}$，$1/n$ のかわりに $1/(n-1)$ としたときの分散を標本分散といい，σ の**不偏推定量**である．母集団の分布に関係なく，同一条件下の測定値が x と $x + dx$ の間にある相対度数（**確率密度**）は**正規分布**（ガウスの誤差）に従うとされ，次式で表現される.

$$f(x)\,dx = \frac{1}{\sqrt{2\pi}\,\sigma} \exp\left\{-\frac{(x-\mu)^2}{2\sigma^2}\right\} dx \tag{1.5}$$

曲線の形は，図 1.2 に示すように $x = \mu$ でもっとも高く，$h = 0.4/\sigma$ である．σ が小さいほど h は高く，すそが狭い．$\mu \pm \sigma$ の区間に全測定数の 68.3%，$\mu \pm 2\sigma$ の区間に 95.4%，$\mu \pm 3\sigma$ の区間に 99.7%のデータ数が含まれる.

母集団の平均値，標準偏差が不明のときは，**t 分布**（$t = (\bar{x} - \mu)/(u/\sqrt{n})$，自由度 $n-1$）を用いる．母分散の推定には，$(n-1)u^2/\sigma^2$ が **χ^2 分布**に従うことを利用する.

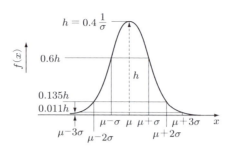

図 1.2　正規分布

1.4.4　最小 2 乗法
(1) 平均値と真値

n 回の測定値を $x_1, x_2, \ldots, x_n$, 真値を T とする. x_i に対応する誤差を $\varepsilon_i = x_i - T$ とし, ε_i^2 の和を ε とする.

$$\varepsilon = \varepsilon_1^2 + \varepsilon_2^2 + \cdots + \varepsilon_n^2 \tag{1.6}$$

それぞれの実験を独立に行ったとき, ε となる確率 P は式 (1.5) より, 次式となる.

$$P = \left(\frac{1}{\sqrt{2\pi}\,\sigma}\right)^n \exp\left(-\frac{\varepsilon_1^2 + \varepsilon_2^2 + \cdots + \varepsilon_n^2}{2\sigma^2}\right)(dx)^n \tag{1.7}$$

ここで, T を変数 M でおきかえて, P を最大にする値 (most probable value) と T の関数を求める. P を最大にする値は, ε を最小にする値である. $(x_1 - M)^2 + (x_2 - M)^2 + \cdots + (x_n - M)^2$ を最小にする条件は次式である.

$$M = \frac{1}{n}(x_1 + x_2 + \cdots + x_n) \tag{1.8}$$

以上より, 平均値は誤差の 2 乗和を最小にし, x の最確値である.

(2) 回帰直線

測定データの組から, ある関数を用いて近似するとき, その関数が測定値に対してよい近似になるように残差（測定値と近似曲線の差）の二乗和が最小になるように係数を決定する方法を**最小 2 乗法** (least square method) という.

(1) の平均値による処理は, 測定値を直接に利用する処理方法であるが, 測定値を独立変数として, その従属量を計算から求めるときに, **回帰直線**がよく使われる.

図 1.3 のように, n 回の測定により, $(x_1, y_1), (x_2, y_2), \ldots, (x_n, y_n)$ の組が得られたとする. 一方, x, Y の間に次の線形関係が成り立つとする.

$$Y = ax + b \tag{1.9}$$

n 回の実験データより, 係数 a, b を決定し, 以後 x を測定し Y を求める. 理論的に正しい値を Y_i とすると, **残差** (residual) ε_i と y_i, x_i には次の関係がある.

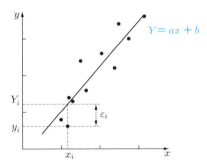

図 1.3 回帰直線と実験データ

$$\left.\begin{array}{l}\varepsilon_1 = y_1 - Y_1 = y_1 - ax_1 - b \\ \varepsilon_2 = y_2 - Y_2 = y_2 - ax_2 - b \\ \vdots \\ \varepsilon_n = y_n - Y_n = y_n - ax_n - b\end{array}\right\} \quad (1.10)$$

ε_i の 2 乗和が最小になる a, b は，次の方程式（正規方程式）を満足する．

$$\left.\begin{array}{l}a\sum_{i=1}^{n} x_i + nb = \sum_{i=1}^{n} y_i \\ a\sum_{i=1}^{n} x_i^2 + b\sum_{i=1}^{n} x_i = \sum_{i=1}^{n} x_i y_i\end{array}\right\} \quad (1.11)$$

以上より係数 a, b を求めると，次式となる．

$$\left.\begin{array}{l}a = \dfrac{\sum(y_i - \bar{y})x_i}{\sum(x_i - \bar{x})^2} \\ b = \bar{y} - a\bar{x}\end{array}\right\} \quad (1.12)$$

1.5 誤差の伝搬と丸めの誤差

1.5.1 誤差の伝搬

どのような測定値にも誤差が含まれている．誤差を含んでいる測定結果を計算に用いるとき，その影響を考察しておくことは大切なことである．

二つの測定値の真値を x_1, x_2 とし，計算結果を y とする．それらに含まれる誤差を，Δx_1, Δx_2, Δy とする．

(1) 和と差 $(y = x_1 \pm x_2)$

$$y + \Delta y = (x_1 + \Delta x_1) \pm (x_2 + \Delta x_2) = (x_1 \pm x_2) + (\Delta x_1 \pm \Delta x_2)$$

$$|\Delta y| \le |\Delta x_1| + |\Delta x_2| \tag{1.13}$$

実際に x_1 と x_2 が独立であるときは，同時に最大になる確率はきわめて小さいので，次式に示すように誤差の大きい方に左右される．和の誤差を小さくするには，二つの測定値の誤差を同程度に小さくしなければならない．

$$|\Delta y| = \sqrt{(\Delta x_1)^2 + (\Delta x_2)^2} = |\Delta x_1| \sqrt{1 + \left(\frac{\Delta x_2}{\Delta x_1}\right)^2} \tag{1.14}$$

(2) 積 $(y = x_1 x_2)$

$$y + \Delta y = (x_1 + \Delta x_1)(x_2 + \Delta x_2) = x_1 x_2 \left(1 + \frac{\Delta x_1}{x_1} + \frac{\Delta x_2}{x_2} + \frac{\Delta x_1 \Delta x_2}{x_1 x_2}\right)$$

第4項はほかの項に比べて小さいので無視すると，誤差率は次式となる．

$$\left|\frac{\Delta y}{y}\right| \le \left|\frac{\Delta x_1}{x_1}\right| + \left|\frac{\Delta x_2}{x_2}\right| \tag{1.15}$$

積の計算結果の誤差率は，各測定の誤差率が同程度のときが効率的な測定となる．

(3) 商 $(y = x_1/x_2)$

$$y + \Delta y = \frac{x_1 + \Delta x_1}{x_2 + \Delta x_2} = \frac{x_1}{x_2}\left(\frac{1 + \Delta x_1/x_1}{1 + \Delta x_2/x_2}\right) \simeq \frac{x_1}{x_2}\left(1 + \frac{\Delta x_1}{x_1} - \frac{\Delta x_2}{x_2}\right) \tag{1.16}$$

第3項の負の符号は，誤差が減るのではなく，式 (1.13) からもわかるように，次式のように誤差率を x_1，x_2 の誤差率を同程度にすることが，効率的な測定となる．

$$\left|\frac{\Delta y}{y}\right| \le \left|\frac{\Delta x_1}{x_1}\right| + \left|\frac{\Delta x_2}{x_2}\right| \tag{1.17}$$

(4) べき乗 $(y = x_1 x_2{}^n)$

$$y + \Delta y = (x_1 + \Delta x_1)(x_2 + \Delta x_2)^n$$

$$= (x_1 + \Delta x_1)\left\{x_2{}^n + n\,\Delta x_2\, x_2{}^{n-1} + \frac{n(n-1)}{2!}(\Delta x_2)^2 x_2{}^{n-2} + \cdots\right\}$$

$$\simeq x_1 x_2{}^n \left(1 + \frac{\Delta x_1}{x_1} + n\frac{\Delta x_2}{x_2}\right)$$

$$\left|\frac{\Delta y}{y}\right| \le \left|\frac{\Delta x_1}{x_1}\right| + n\left|\frac{\Delta x_2}{x_2}\right| \tag{1.18}$$

x_1 と x_2 の誤差の影響を同程度にするには，べき乗の項は誤差率を $1/n$ にしなけれ

1.5 誤差の伝搬と丸めの誤差　　9

ばならない.

例題 1.1　測定値の一方が他方の 100 倍程度であるとし, 誤差率が同程度として, 誤差の大きさを式 (1.14) から推定せよ.

解答

　誤差率が同程度であるので, $x_1 > x_2$ として, $|\Delta x_1| \simeq 100|\Delta x_2|$ となる. よって, 式 (1.14) より, $\Delta y \simeq \Delta x_1 \sqrt{1.0001} \simeq 1.00005 \Delta x_1$ となり, ほとんど測定値の大きい方の誤差となる.

例題 1.2　$100\,\Omega$ と $10\,\Omega$ の抵抗器がそれぞれ 25% の誤差を含む. 二つの抵抗器を直列に接続したとき, 抵抗値 R の誤差 ΔR を求めよ.

解答

$$R + \Delta R = 100(1 + 0.25) + 10(1 + 0.25) = 110 + 25 + 2.5$$

$$\Delta R = 27.5\,\Omega \quad (\text{式 (1.13) より})$$

$$\Delta R = \sqrt{25^2 + 2.5^2} = 25.12\,\Omega \quad (\text{式 (1.14) より})$$

例題 1.3　電流 $I = 10\,\text{mA}$, 電圧 $V = 3\,\text{V}$ に誤差が 10% 含まれる. $R = V/I$ で抵抗値を求めるとき, 誤差 ΔR, 誤差率 $\Delta R/R$ を求めよ.

解答

$$\Delta R = R\left(\frac{\Delta I}{I} + \frac{\Delta V}{V}\right) = \frac{3}{0.01}(0.1 + 0.1) = 60\,\Omega$$

$$\frac{\Delta R}{R} = \frac{60}{300} = 0.2 \quad (20\%)$$

1.5.2　測定値の書き方と丸めの誤差

　測定値の数値は, 数学での数値と違った意味をもつ. たとえば, 数学で 3.5 とは $3.5000\cdots$ を意味するが, 計測値が 3.5 を記録しても, その値が $3.5000\cdots$ という意味ではない.

　いくつかの事例を示し, 測定値の有効数字とけた数について説明する.

(1)　有効数字

　測定値や計算結果において意味がある数字を**有効数字** (significant figures), そのけた数を有効けた数という. たとえば, $E = 12.6\,\text{V}$ と表示された測定値は, 最下位の 6 に誤差が含まれることを意味する. つまり, $12.6\,\text{V}$ は, $12.55000\cdots\text{V}$ から $12.6499\cdots\text{V}$ の間の数値を意味する.

　単位変換に対しては, $2.97\,\text{kV}$ を $2970\,\text{V}$ と表さず, $2.97 \times 10^3\,\text{V}$ と表し, 有効けた

数がわかるようにする．また，920 mA は，0.920 A と最後の 0 を付けて，有効けた数を明示する．

(2) 四捨五入と丸め

数値のけた数を小さくしたり，測定のとき目盛の近い方で読むことを，数値の**丸め**（rounding）という．JIS で，丸めは次のように指示されている．

  ① 丸める数が 5 以外のときは四捨五入する．（例 2.58 → 2.6, 2.53 → 2.5）
  ② 丸める数が 5 のとき，
   （ⅰ）5 のけた以下に数値があるときは切上げる．（例 2.35001 → 2.4）
   （ⅱ）5 の前けたが奇数のときは切上げ，偶数のときは切捨てる．（例 2.35 → 2.4, 2.45 → 2.4）

演習問題

1.1 次の測定方法は（ ）内のどちらの測定方法か．
 （1）電流力計形計器による電力測定 　　　　　（直接測定／間接測定）
 （2）ブリッジによるインピーダンス測定 　　　（零位法／偏位法）
 （3）電流天秤 　　　　　　　　　　　　　　　（絶対測定／比較測定）
 （4）ボロメータ 　　　　　　　　　　　　　　（置換法／補償法）
 （5）超音波探傷測定 　　　　　　　　　　　　（破壊測定／非破壊測定）
 （6）電圧降下法による抵抗測定 　　　　　　　（直接測定／間接測定）
 （7）電位差計 　　　　　　　　　　　　　　　（零位法／偏位法）
 （8）指示計器 　　　　　　　　　　　　　　　（零位法／偏位法）

1.2 問図 1.1 で，減衰器の減衰量を D，増幅器の増幅率を G とする．スイッチ SW を 1, 2 に切り替えてもメータの指示値が等しくなるように減衰器を調節した．$D = -40\,\text{dB}$ であったとき，G を求めよ．

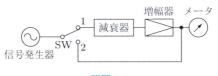

問図 1.1

1.3 問図 1.2 に示すグラフ①～③のうち，もっとも正確な測定はどれか．また，もっとも精密な測定はどれか．

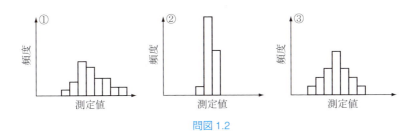

問図 1.2

1.4 放射線源をシンチレーションカウンタで 10 回測定したところ，次の測定値を記録した．平均値と標準偏差を求めよ．

4636, 5559, 5057, 4652, 4515, 4603, 3681, 5953, 6429, 4635

1.5 ある抵抗の抵抗値と温度の関係を測定したところ，次のようになった．$R = \alpha t + R_0$ としたとき，α と R_0 を回帰直線より求めよ．また，13°C における R を実験式より求めよ．ここで，t は温度，R_0 は 0°C のときの抵抗値である．

温度 [°C]	10	15	20	25	30
抵抗値 [Ω]	3.050	3.052	3.055	3.056	3.060

1.6 問図 1.3 の回路で電流を測定するとき，電流計の負荷効果を 1% 以下にするには，電流計の内部抵抗を何 Ω 以下にしなければならないか．

1.7 問図 1.4 の回路で電圧を測定するとき，電圧計の負荷効果を 1% 以下にするには，電圧計の内部抵抗を何 Ω 以上にしなければならないか．

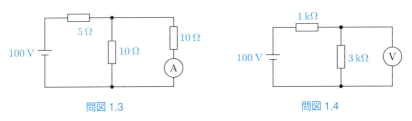

問図 1.3　　　　　　　　問図 1.4

1.8 円柱状導体の抵抗値，長さ，直径を測定し，抵抗率（導電率）を求めるとき，測定誤差が抵抗率に与える誤差を考察せよ．

1.9 次の二つの数値がもつ意味の違いについて述べよ．
(1) 1.48 と 1.480　(2) 0.350 V と 3.5×10^2 mV

第2章 単位系と標準

測定値は，ある基準の何倍であるかで表現する．そして，その基準を**単位**という．

この章では，国際的な統一単位系である SI 単位系と，その決定の基本となる物理定数との関係，および単位系を実現するための**標準**や**標準器**について説明する．

2.1 SI 単位系

メートル法は 18 世紀末のフランスにおいて，世界中で共通で統一された単位制度の確立を目指して制定された．人間の行動範囲が狭い間は，各地で異なる単位を使っていても大きな問題はなかったが，商取引などが広範囲で行われるようになるにつれて，単位の統一がより重要となった．

1875 年 5 月パリで，17 か国の代表により，「メートル法を国際的に確立し，維持するために，国際的な度量衡標準の維持供給機関として，国際度量衡局を設立し，維持することを取り決めた多国間条約」である**メートル条約**が締結された．日本は 1885 年に条約に加入し，土地や建物の表記を除き 1959 年からメートル法が完全実施された．

メートル条約では，

- **国際度量衡総会**（CGPM: Conférence générale des poids et mesures）：
  加盟各国の政府代表者で構成される最高決定機関
- **国際度量衡委員会**（CIPM: Comité international des poids et mesures）：
  18 の異なる国からの 18 人の計測学者で構成される，CGPM の諮問機関
- **国際度量衡局**（BIPM: Bureau international des poids et mesures）：
  標準に関する国際的研究課題を担当する研究所，CGPM と CIPM の事務局
- **国家計量標準機関**（NMI: national metrology institute）：
  各加盟国での計量標準の開発・研究（わが国は産業技術総合研究所など）

などが設置され，単位，標準器などの科学技術に関する検討を行うことになっている．メートル条約の組織の概略図を図 2.1 に示す．

1960 年以後，約 6 年ごとに開かれる国際度量衡総会において「すべての国が採用しうる，一つの実用的な単位の確立」が目標とされ，第 11 回総会で**国際単位系**（フランス語で Système International d'unités を略して **SI 単位系**）が決定された．SI 単位

2.2 基本単位と組立単位　13

図 2.1　メートル条約の組織

系は，必要最小限の**基本単位**（fundamental unit）と，基本単位から誘導される**組立単位**（derived unit）から構成されている．

　SI 単位系は，基本単位の定義をできる限り**基礎物理定数**に基づいたものにし，単位が人工的なものや自然界の変化に依存しないようにする方針が打ち出された．1960 年にメートル原器が特定の光の波長に関係付けられた後は，唯一，キログラムの定義だけが人工的原器による定義として残されていたが，2018 年 11 月の総会（CGPM）でキログラムも物理定数によって定義付けされ，一貫したシステムの構成がなされた．キログラム原器が廃止され，電流の定義が変更されたことから，基本単位の定義関係が変わり，導出関係が図 2.2 のようになった．

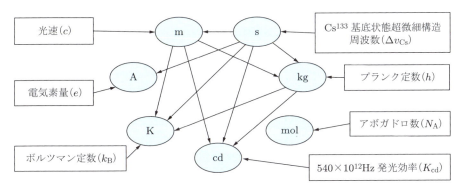

図 2.2　SI 単位系の基本単位と物理定数の定義関係

2.2　基本単位と組立単位

　基本単位は，**メートル** [m], **キログラム** [kg], **秒** [s], **アンペア** [A], **ケルビン** [K], **カンデラ** [cd], **モル** [mol] の七つである（表 2.1）．これらの基本単位を乗除で関係付け，係数 1 で導出できる組立単位を，「**一貫性のある組立単位**」という（表 2.2）．よく使用されるものには表 2.3 のように固有の名称が与えられ，実用的な量にするために表 2.4 のように接頭辞が定められている．

14   第 2 章　単位系と標準

表 2.1　SI 単位系の基本単位と物理定数

量	単位の名称	記　号	定　　義
長さ	メートル	m	長さの単位は真空中の光の速さ c とその周波数 f から c/f で定義される．CGPM では，$c = 299792458\,\mathrm{m} \cdot \mathrm{s}^{-1}$，$f$ はセシウム超微細構造周波数 Δv_{Cs} によって決めているが，日本での周波数基準は，レーザーを『協定世界時』に同期させた装置（光周波数コム（comb）装置）で決めている．
質量	キログラム	kg	プランク定数 h の数値を定めることにより設定される．
時間	秒	s	基底状態で温度が 0 K のセシウム 133 原子の超微細構造の周波数 Δv_{Cs} を定めることにより設定される．
電流	アンペア	A	電気素量 e の数値を定めることにより設定される．
熱力学温度	ケルビン	K	ボルツマン定数 k_{B} の数値を定めることにより設定される．
物質量	モル	mol	アボガドロ定数 N_{A} の数値を定めることにより設定される．
光度	カンデラ	cd	周波数 540×10^{12} Hz の単色光の発光効率 K_{cd} の数値を定めることにより設定される．

※ CGPM の決議した物理定数（2018 年）：

セシウム 133 原子の超微細構造周波数 $\Delta v_{\mathrm{Cs}} = 9192631770\,\mathrm{s}^{-1}$

真空中の光速度 $c = 299792458\,\mathrm{m} \cdot \mathrm{s}^{-1}$

プランク定数 $h = 6.62607015 \times 10^{-34}\,\mathrm{m}^2 \cdot \mathrm{kg} \cdot \mathrm{s}^{-1}$（$= \mathrm{J} \cdot \mathrm{s}$）

電気素量 $e = 1.602176634 \times 10^{-19}\,\mathrm{C}$（$= \mathrm{A} \cdot \mathrm{s}$）

ボルツマン定数 $k_{\mathrm{B}} = 1.380649 \times 10^{-23}\,\mathrm{m}^2 \cdot \mathrm{kg} \cdot \mathrm{s}^{-2} \cdot \mathrm{K}^{-1}$（$= \mathrm{J} \cdot \mathrm{K}^{-1}$）

アボガドロ定数 $N_{\mathrm{A}} = 6.02214076 \times 10^{23}\,\mathrm{mol}^{-1}$

周波数 540×10^{12} Hz の単色光の発光効率 $K_{\mathrm{cd}} = 683\,\mathrm{m}^{-2} \cdot \mathrm{kg}^{-1} \cdot \mathrm{s}^3 \cdot \mathrm{cd} \cdot \mathrm{sr}$

表 2.2　基本単位を用いて表される一貫性のある SI 組立単位の例

組立量	名　　称	記　号
面積	平方メートル	m^2
体積	立方メートル	m^3
速さ，速度	メートル毎秒	m/s
加速度	メートル毎秒毎秒	$\mathrm{m/s}^2$
波数	毎メートル	m^{-1}
密度，質量密度	キログラム毎立方メートル	$\mathrm{kg/m}^3$
面密度	キログラム毎平方メートル	$\mathrm{kg/m}^2$
電流密度	アンペア毎平方メートル	$\mathrm{A/m}^2$
磁界の強さ	アンペア毎メートル	A/m
量濃度，濃度	モル毎立方メートル	$\mathrm{mol/m}^3$
質量濃度	キログラム毎立方メートル	$\mathrm{kg/m}^3$
輝度	カンデラ毎平方メートル	$\mathrm{cd/m}^2$
屈折率	（数の）1	1（無次元）
比透磁率	（数の）1	1（無次元）

表 2.3 固有の名称と記号で表される一貫性のある SI 組立単位の例

量	名称	記号	ほかの SI 単位による表し方	SI 基本単位による表し方
周波数	ヘルツ	Hz		s^{-1}
力	ニュートン	N		$m \cdot kg \cdot s^{-2}$
圧力，応力	パスカル	Pa	N/m^2	$m^{-1} \cdot kg \cdot s^{-2}$
エネルギー，仕事，熱量	ジュール	J	$N \cdot m$	$m^2 \cdot kg \cdot s^{-2}$
仕事率，工率，放射束	ワット	W	J/s	$m^2 \cdot kg \cdot s^{-3}$
電気量，電荷	クーロン	C	$A \cdot s$	$A \cdot s$
電位差（電圧），起電力	ボルト	V	J/C	$m^2 \cdot kg \cdot s^{-3} A^{-1}$
静電容量	ファラド	F	C/V	$m^{-2} \cdot kg^{-1} \cdot s^4 \cdot A^2$
電気抵抗	オーム	Ω	V/A	$m^2 \cdot kg \cdot s^{-3} \cdot A^{-2}$
コンダクタンス	ジーメンス	S	A/V	$m^{-2} \cdot kg^{-1} \cdot s^3 \cdot A^2$
磁束	ウェーバ	Wb	$V \cdot s$	$m^2 \cdot kg \cdot s^{-2} \cdot A^{-1}$
磁束密度	テスラ	T	Wb/m^2	$kg \cdot s^{-2} \cdot A^{-1}$
インダクタンス	ヘンリー	H	Wb/A	$m^2 \cdot kg \cdot s^{-2} \cdot A^{-2}$
セルシウス温度	セルシウス度	°C		K
光束	ルーメン	lm	$cd \cdot sr$	$cd \cdot m^2/m^2 = cd$
照度	ルクス	lx	lm/m^2	$m^{-2} \cdot cd$
放射性核種の放射能	ベクレル	Bq		s^{-1}
吸収線量，比エネルギー分与，カーマ	グレイ	Gy	J/kg	$m^2 \cdot s^{-2}$
線量当量，周辺線量当量，方向性線量当量，個人線量当量	シーベルト	Sv	J/kg	$m^2 \cdot s^{-2}$
酵素活性	カタール	kat		$s^{-1} \cdot mol$
平面角	ラジアン	rad	1（無次元）	m/m
立体角	ステラジアン	sr	1（無次元）	m^2/m^2

表 2.4 SI 単位の接頭辞

倍数	名称	記号	倍数	名称	記号
10^{18}	エクサ	E	10^{-1}	デシ	d
10^{15}	ペタ	P	10^{-2}	センチ	c
10^{12}	テラ	T	10^{-3}	ミリ	m
10^9	ギガ	G	10^{-6}	マイクロ	μ
10^6	メガ	M	10^{-9}	ナノ	n
10^3	キロ	k	10^{-12}	ピコ	p
10^2	ヘクト	h	10^{-15}	フェムト	f
10	デカ	da	10^{-18}	アト	a

2.3 国家計量標準とトレーサビリティ

　主要な量ごとの国際計量標準は，国際度量衡総会（CGPM）傘下の各諮問委員会によって決定される．そして，それに基づいてそれぞれの国や経済圏は，CIPM の主導

のもとに国際比較を行って，国家計量標準の信頼性を高める構図となっている．

諸量の測定は，そのほとんどが測定器によって行われることから，正確な測定は，正確な測定器によって行われる．そこで，その測定器はより正確な標準器で校正されていなければならないし，その標準器はより正確な標準器によって校正されていなければならない．このようにして最後にたどり着くところが国家計量標準となる．

国家計量標準が，測定器や分析器に校正の正確性を保証するためには，国家計量標準がトレーサブル（追跡可能）であることが重要で，必要不可欠な条件である．

わが国では、これらの作業を産業技術総合研究所（NMIJ/AIST），情報通信研究所（NICT），化学物質評価研究機構（CERI），日本計器検定所（JEMIC）が行っている．図2.3 に，（独）製品評価技術基盤機構が公表している電気関係の計器から国家計量標準に至るまでのトレーサビリティの一例を示す．

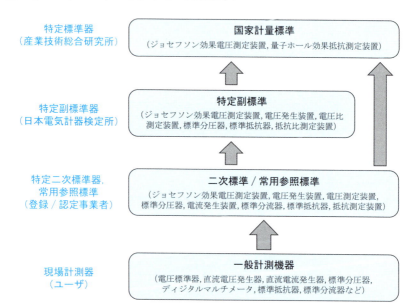

図2.3　電気関係計器のトレーサビリティの体系図（直流の例）

2.4　電気量の標準

国際比較を行ううえで，標準器の管理，輸送などの実用性，利便性から，各国で電圧，抵抗，静電容量に関する標準をもつように電気諮問委員会が 1975 年に勧告した．そこで，電気量測定上の標準として，電圧は**ジョセフソン効果**，抵抗は**量子ホール効果**，静電容量は**クロスキャパシタ**が，長さ，時間，抵抗，電圧の四つを軸とする実用

2.4.1 ジョセフソン効果電圧標準

電圧の標準としては，**ジョセフソン効果**（1962年に英国のジョセフソン（D.B. Josephson）により発見された）を応用することが，電気諮問委員会により 1975 年に勧告された．図 2.4(a) のように，液体ヘリウムにより極低温に冷却された Pb の間に，絶縁物 PbO をはさみ，接合部にマイクロ波を照射すると，図 (b) に示すように接合部の電圧−電流特性が階段状に変化する．このとき，1 段あたりの電圧 V は，次式のように物理定数だけで決定できる．

$$V = \frac{hf}{2e} \tag{2.1}$$

ここで，h はプランク定数，e は電子の電荷量，f はマイクロ波の周波数である．f を原子時計で校正し，現行では国際度量衡委員会の協定値 $2e/h = 483597.9\,\text{GHz/V}$ が使われている．

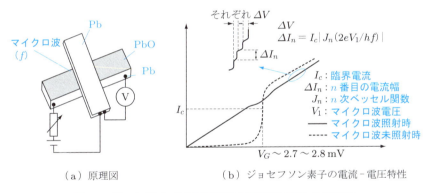

(a) 原理図　　　　(b) ジョセフソン素子の電流−電圧特性

図 2.4　ジョセフソン効果電圧標準の原理図と電流−電圧特性

2.4.2 量子ホール効果による抵抗標準

1980 年，フォン・クリッツィング（von Klitzing）らは，液体ヘリウムを用いておよそ 1 K，15 T 程度の磁界中で**量子ホール効果**を観測し，抵抗標準の可能性を示した．図 2.5(a) のようにシリコン基板上に電界効果トランジスタ（FET）を作成し，SiO_2 の薄いチャンネルを設ける．ゲートで電流を制御し，磁界をかけると，図 (b) の特性を示し，ホール抵抗 R_H は次式となる．ここで，FET のソース−ドレイン電流を I，ホール電圧を V_H，プランク定数を h，電子電荷を e とする．R_K はフォン・クリッツィング定数とよばれ，現行では国際度量衡委員会の協定値 $R_K = h/e^2 = 25812.807\,\Omega$ が使われている．

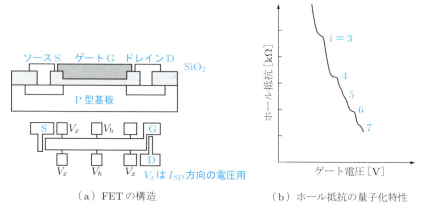

（a）FETの構造　　　　　　　（b）ホール抵抗の量子化特性

図 2.5　FET ホール抵抗素子の構造とその量子化特性

$$R_H = \frac{V_H}{I} = \frac{h}{e^2 i} = \frac{R_K}{i} \quad (i = 1, 2, 3, \ldots) \tag{2.2}$$

R_H（電圧 V_H と電流の比）は，物理定数だけで決定される定数である．

2.4.3　クロスキャパシタと静電容量標準

クロスキャパシタ（cross capacitor）は，オーストラリアのトンプソン（A.M. Thompson）により，1956 年に考案されたコンデンサである．図 2.6 のように 4 本の固定電極 A～D から構成され，対向する電極間の静電容量 C は次式となる．

$$C = \frac{\varepsilon_0}{\pi} l \ln 2 \tag{2.3}$$

ここで，ε_0 は真空誘電率，l は電極の長さである．

l をクリプトンランプの光の波長で校正したレーザで測定し，絶対測定する．実際は中央空間にガード電極 G を挿入し，G を移動して l を補正している．

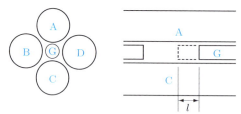

A，C 間のクロスキャパシタンスを測定するときは
B，D を接地する．四つの電極について平均する．

図 2.6　クロスキャパシタ

2.4.4 直角相ブリッジと抵抗標準

位相が 90° 異なる二つの電源と R と C を図 2.7 のように接続し，$R = 1/\omega C$ のとき検出器 D を流れる電流が 0 となり，抵抗測定が可能である．C にクロスキャパシタを用いると，直角相ブリッジを介して抵抗の校正用の標準として用いることができる．

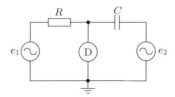

$e_2 = je_1$ とすると $R = 1/\omega C$ で平衡する．

図 2.7　直角相ブリッジ

標準器

電気単位は絶対測定により決定されるのが理想であるが，汎用性や実用性の点から最良の方法でないこともある．一般の工場，実験室では，**標準器**を利用して計器の検査を行うのが通例である．

2.5.1 電圧標準器

(1) カドミウム電池

古くから使用された**電圧標準器**である．図 2.8 に示す中性飽和形の**カドミウム電池**（**ウェストン電池**）が一般的である．陽極（水銀）と陰極（カドミウムアマルガム）をもつ H 形のガラス管の中に硫酸カドミウム（$CdSO_4$）溶液が入れてある．陰極には $CdSO_4$ と $HgSO_4$ を $CdSO_4$ 溶液でペースト状にした減極材が使われている．起電力

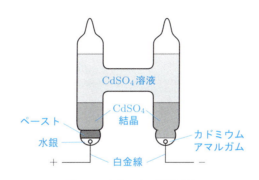

図 2.8　カドミウム標準電池

の温度依存性は，次式のようになることがウォルフ（F.A. Wolff）によって示されている．

$$E_t = E_{20} - 40.6 \times 10^{-6}(t-20) - 0.95 \times 10^{-6}(t-20)^2 \\ + 0.01 \times 10^{-6}(t-20)^3 \tag{2.4}$$

ここで，E_t，E_{20} は温度 $t\,°\mathrm{C}$，$20\,°\mathrm{C}$ における電池起電力である．構造上，振動や衝撃，X線，直射日光，急激な温度変化に対し起電力が不安定なので注意が必要である．また，カドミウム電池は内部抵抗が大きいので，電流を流さずに使用する．

(2) ツェナーダイオード

ダイオードにかかる逆方向電圧がある電圧（降伏電圧，あるいはツェナー電圧）を超えると，アバランシェ現象で電流が流れ，電圧が一定値を示す．このようなダイオードを**ツェナーダイオード**（Zener diode）という．図 2.9 に示すような特性を示し，シリコンダイオードで V_s は $-5\,\mathrm{V}$ 付近である．温度特性も $10^{-5}\,\mathrm{V/°C}$ と安定しており，機械的にも堅牢で定電圧装置の基準電圧に使用されている．

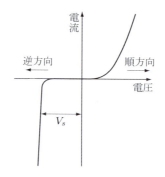

図 2.9　ツェナーダイオードの特性

2.5.2　標準抵抗器

標準抵抗器は，標準電池とともに，もっともよく利用される標準器の一つである．$1\,\Omega \sim 1\,\mathrm{k}\Omega$ 程度がよく使用されるが，$\mathrm{m}\Omega$，$\mathrm{T}\Omega$ のものもある．抵抗線の巻線方式を図 2.10 に，おもな線材とその特性を表 2.5 に示す．抵抗線の性質としては，温度係数が小さいこと，銅に対する**熱起電力**が小さいこと，経年変化が小さいことが必要であり，構造面からは，冷却がよく，インダクタンス，キャパシタンスが小さく，堅牢なものでなければならない．

標準抵抗器
(写真提供：横河計測株式会社)

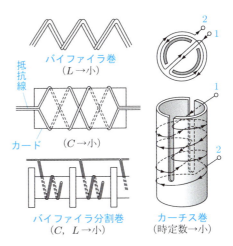

図 2.10 交流用抵抗器の巻線方式

表 2.5 抵抗材料の特性

特 性	Cu-Mn 系	Ni-Cr 系
成分 (%)	Mn (12), Ni (0〜2), Ge (0.5), Cu (残)	Cr (17), Si (4), Mn (4), Ni (75)
抵抗率 [μΩ]	42〜45	133
20°C における温度係数 [1/°C]	$\pm 1 \times 10^{-6}$	$\pm 20 \times 10^{-6}$
対銅起電力 [μV/°C]	±0.4	±2

演習問題

2.1 単位時間あたりの仕事量の単位はワット [W] である．仕事量が力と距離の積であることから，W を SI 基本単位で表せ．同様に，電力は電圧と電流の積であることから，電圧を SI 基本単位で表せ．

2.2 カドミウム電池が 20〜21°C まで変化すると，起電力は何 V 変化するか．

2.3 標準抵抗器はどのような条件を満たさなければならないか．

# 第3章 電気・電子計器の基礎

電気計器は，**指示計器**，**アナログ電子計器**，**ディジタル計器**に大別できる．指示計器は測定量を直接駆動装置に導き，指針を駆動して表示する計器であり，アナログ電子計器は，増幅器などの電子回路を利用して指示計器を駆動し，指示する計器をいう．ディジタル計器は，電子回路によりアナログ量をディジタル量に変換し，ディジタルで表示するものをいう．IC 技術をはじめ電子技術が急速に進歩し，ディジタル計器の占める割合が大きくなり，古くからの伝統的アナログ計器は姿を消してきている．しかし，読み取りやすさなどからいまだ捨てがたく根強いものがあり，また，電気・電子計器の基礎を理解するうえで重要な事項であるため，この章で指示計器について説明する．ディジタル計器については 3.5 節で概論を，第 7 章で詳細を説明する．

 ## 3.1 指示計器の分類

3.1.1 正確さによる分類

指示計器を正確さで分類すると，表 3.1 のようになる．許容差により，0.2～2.5 級まで 5 段階に分類されている．

この許容差は定格値（有効測定範囲の上限）に対するもので，測定値に対するものではない．定格値 2 A，1.0 級の計器は，

$$2.0 \times (\pm 0.01) = \pm 0.02 \text{ A}$$

の誤差が全域にわたり含まれる可能性があり，0.5 A の測定を行ったときの誤差率は，

$$|(\pm 0.02/0.5) \times 100| = 4\%$$

となる．したがって，指示計器は定格に近いところで使用した方が誤差率は小さい．

表 3.1　正確さによる分類（指示電気計器）

階　級	許容差 [%]	おもな用途
0.2 級	±0.2	標準器用
0.5 級	±0.5	精密測定
1.0 級	±1.0	普通測定
1.5 級	±1.5	工業用の普通測定
2.5 級	±2.5	正確さに重きをおかない測定

（JIS C 1102 から）

表 3.2　指示電気計器の分類

種類		記号	使用範囲			指示	特徴
			周波数	電流	電圧		
可動コイル形			直流	$10^{-4}\sim10^4$	$10^{-2}\sim10^3$	平均値	高感度、消費電力小、外部磁界の影響小
可動鉄片形			$10^1\sim10^2$	$10^{-2}\sim10^4$	$10^1\sim10^5$	実効値	安価、堅牢、外部磁界の影響大、零点近くの目盛が狭い
電流力計形	空心		直流$\sim10^3$	$10^{-1}\sim10^4$	$10^1\sim10^5$	実効値	交流・直流の差が小、外部磁界の影響大、消費電力大
	鉄心入		$\sim10^3$				
静電形			直流$\sim10^6$	—	$10^2\sim10^5$	実効値	高電圧使用、交流・直流の差が小、消費電力小
誘導形			10^1	$10^{-1}\sim10^4$	$10^1\sim10^5$	実効値	堅牢、構造簡単、電力量計
整流形	直熱		$10^1\sim10^4$	$10^{-4}\sim10^4$	$10^0\sim10^5$	平均値×正弦波波形率	交流用では最高感度、波形の影響大
	絶縁						
熱電形			直流$\sim10^7$	$10^{-3}\sim10^4$	$10^1\sim10^2$	実効値	高周波用計器、応答時間大、過負荷に弱い
振動片形			10^1	—	—	—	周波数測定用
可動コイル比率計形			直流	$10^{-4}\sim10^4$	$10^{-2}\sim10^4$	平均値	抵抗計、絶縁抵抗計に使用
可動鉄片比率計形			$10^1\sim10^2$	$10^{-2}\sim10^4$	$10^1\sim10^5$	実効値	配電盤用
電流力比率計形	空心		直流$\sim10^3$	$10^{-1}\sim10^4$	$10^1\sim10^5$	実効値	力率、位相測定に適する
	鉄心入						

3.1.2 動作原理による分類

指示計器を動作原理により分類すると，表 3.2 のようになる．計器の目盛板上には，種類以外に，用途，精度の記号が表記されている．

3.1.3 用途による分類

用途により指示計器を分類すると，すえ置用，携帯用，配電盤用がある．
　　①すえ置用：外形，重量が大きく，水準器などが付いており，試験台や計測台にすえ置いて使用する．
　　②携帯用：外形，重量は小さく，携帯に便利な構造である．
　　③配電盤用：配電盤，測定装置パネルに取り付けて使用し，精度は高くない．
それぞれの計器は，目盛板上に記された正しい姿勢や回路で使用しないと誤差の原因となる．表 3.3 に，計器の用途と使用姿勢の記号を示す．

表 3.3　用途による計器の分類と計器の姿勢の表示

(a) 用途の表示

回路区別	記号
直流	—
交流	～
直流ならびに交流	≂
平衡三相交流	≈
不平衡三相交流	≈

(b) 計器の姿勢の表示

位置（姿勢）	記号
鉛直	⊥
水平	⌒
傾斜	∠

3.2　指示計器の構成

3.2.1　計器の 3 要素

指示計器は，指針を動かして計測する計器である．指針の動きをつかさどる力として，駆動力，制御力，制動力の三つがある．この力を発生する要素を**計器の 3 要素**といい，**駆動装置**，**制御装置**，**制動装置**である．

指針は，駆動力による駆動トルクと，制御力による制御トルクが平衡する位置で最終指示値が決定される．物体が動いているときにはたらく力が制動力であり，指針が静止するまでの時間をコントロールすることができる．

(1) 駆動装置

指針の駆動力を発生する装置である．前節に示した表 3.2 は，駆動力によって分類されていると見てもよい．

(2) 制御装置

制御装置は，駆動力と反対方向の力を指針に作用させる装置である．指針は，駆動力と制御力がつり合った位置で静止する．制御装置には，うず巻状や帯状のばねが使用されており，その材料は，温度特性，導電性から，リン青銅（Cu + Sn 3～9% + P 0.03～0.35%）が使われている．

(3) 制動装置

制動力は，指針が最終位置で静止するまでの動きを制御する．制動力により，指針は図 3.1 のような動きをする．ⓐ < ⓑ < ⓒ の順に制動力は大きく，ⓑが最適状態で，これを**臨界制動状態**という．検流計は全体を軽く製作し（4.3 節参照），感度を上げてあるため，臨界制動状態で使用しないと測定に時間がかかる．制動装置には，図 3.2 (a) に示す摩擦抵抗を利用した空気制動，液体制動と，図 (b) に示す静磁界中を導体が動くときの力を利用した電磁制動がある．電磁制動は，磁界内を導体が動くと起電力が生じ，その起電力による電流が，動く方向と逆のトルクを発生することを利用したものである．コイルと交差する磁束，外部接続抵抗，コイルの移動速度をそれぞれ Φ, R, v とすると，制動力 F は次式となり，R を調整すると臨界制動状態を作ることができる．

$$F \propto v \frac{\Phi^2}{R}$$

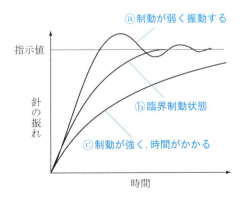

図 3.1　制動力と指針の動きの関係

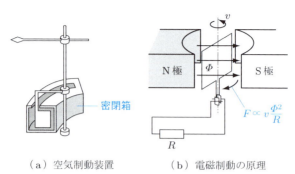

(a) 空気制動装置　　　(b) 電磁制動の原理

図 3.2　制動装置

(4) その他の装置

①軸受：精密計器には重要な装置である．ボール軸受，ジャーナル軸受，磁気軸受などがある．

②指針：指針には，図 3.3 のような形がおもに用いられている．

③目盛：目盛は駆動力と制御力の関係で決まり，平等目盛，2 乗目盛，対数目盛などがある．図 3.4 にその一例を示す．精密級の目盛は，**視差**（パララックス）をなくすために鏡が付いている．

④外箱：外箱は外見だけでなく，ほこりや湿気，あるいは外部磁界から計器を守る重要な役目がある．合成樹脂，金属，木製などがある．

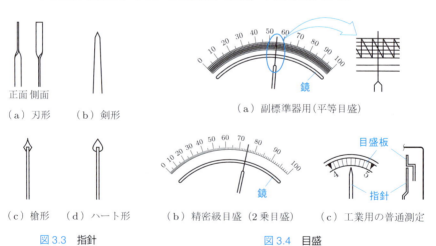

図 3.3　指針　　　　　　　　　図 3.4　目盛

3.2.2 温度補償

可動コイル形計器などのコイルの**温度補償**について，**スウィンバーン回路**と**サーミスタ補償回路**を示す．

(1) スウィンバーン回路

計器の内部抵抗 R_0 の温度係数を α_0 とする．抵抗 R_1，R_2 の温度係数をそれぞれ α_1，0 とし，図 3.5(a) のように接続する．温度 t における電流 i_t は次式となる．

$$i_t = \frac{E}{R_0(1+\alpha_0 t) + R_2\left\{\dfrac{R_0(1+\alpha_0 t)}{R_1(1+\alpha_1 t)} + 1\right\}} \tag{3.1}$$

ここで，$(1+\alpha_0 t)/(1+\alpha_1 t) \simeq 1 + (\alpha_0 - \alpha_1)t$ より，$R_2 = \alpha_0 R_1/(\alpha_1 - \alpha_0)$ の関係があると，式 (3.1) は温度に無関係な式となる（演習問題 3.1 参照）．

(2) サーミスタ補償回路

サーミスタ（10.3.4 項 (3)）は，銅と逆の負の温度係数をもっているので，図 3.5(b) の補償回路を構成できる．R_2，R_3 は，サーミスタが計器の抵抗 R_0 の 10 倍程度の温度係数をもっているので，過補償を防ぐためのものである．

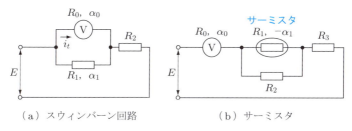

（a）スウィンバーン回路　　　　（b）サーミスタ

図 3.5　温度補償回路

3.3　各種指示計器

3.3.1 可動コイル形計器

(1) 動作原理

図 3.6 に，**可動コイル形計器**（moving-coil instrument）の原理と構成図を示す．永久磁石で一様な磁界を作り，中心部で支えられたコイルに電流を流す．電流と磁界の相互作用により，コイルは次のような駆動力を発生し，回転力となる．

$$\boldsymbol{F} = Na\boldsymbol{I} \times \boldsymbol{B} \tag{3.2}$$

可動コイル形計器
(写真提供:横河計測株式会社)

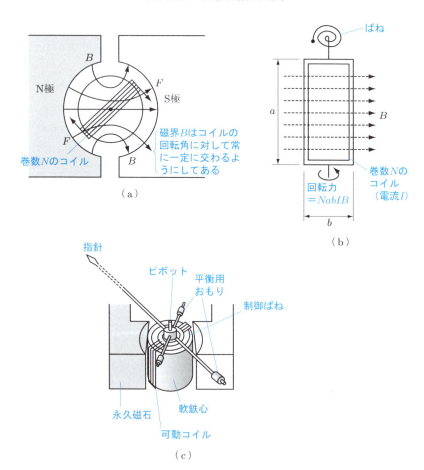

図 3.6 可動コイル形計器の原理と構成図

ここで，I，B，a，N は，それぞれ電流，磁束密度，コイルの巻数，高さである．回転力 τ_d は，いたるところで電流と磁束が $90°$ で交差しているとし，b をコイルの幅とすると，次式となる．

$$\tau_d = NabIB \tag{3.3}$$

コイルの回転軸に巻かれたばねによる制御トルク τ_c は，ばね係数を k，振れ角度を θ とすると次式となる．

$$\tau_c = k\theta$$

$\tau_d = \tau_c$ で指針は最終静止位置となるから，θ は次式となる．

$$\theta = \frac{NabB}{k} I \equiv KI \qquad （K は比例定数） \tag{3.4}$$

θ は I に比例するので，目盛は等分目盛となる．電流が脈流のときは，その周期に応じて針も追従するが，周期が短く追従できないときは，平均値を指示する．通常，数 Hz 以上は追従できない．

(2) 永久磁石

永久磁石は，残留磁気と保磁力が大きく，温度特性に優れて堅牢なものが望ましい．永久磁石とばね係数の温度特性は互いに逆特性をもつため相殺されるので，可動コイル形計器の温度特性は，ほとんどコイルの温度特性に依存する．

(3) 可動コイル形計器の特徴

①感度が高く，消費電力が小さい計器である．
②平均値指示計器である．
③熱電対，整流器，トランジスタの組合せで応用範囲の広い計器である．
④構造が微細で機械的ショックに弱い．
⑤可動コイル形電流計の測定可能最小電流は，軸受の抵抗やコイルの銅線抵抗により制限され，$0.1\,\mu\text{A}$ 程度で，それ以下では精度が悪い．

3.3.2 可動鉄片形計器

(1) 動作原理

磁界中に 2 枚の鉄片を置くと，鉄片は磁化され，鉄片どうしに吸引力や反発力が生じる．この力を駆動力とする計器を**可動鉄片形計器**（moving-iron instrument）という．図 3.7 に，3 種類の可動鉄片形計器を示す．反発力，吸引力は距離が離れるに従い弱くなるため，反発吸引形では鉄片の配置を工夫して，広い回転範囲まで駆動力が一定になるように工夫されている．固定鉄片と可動鉄片の磁化の強さは，双方がコイ

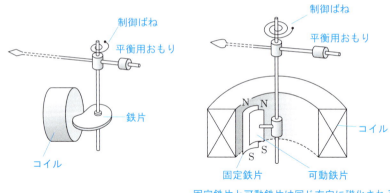

(a) 吸引形　　　　　　　　(b) 反発形

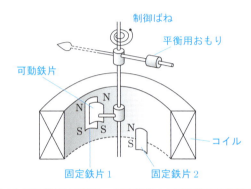

(c) 反発吸引形

図 3.7　可動鉄片形計器

ルの電流に比例するため，駆動力は電流の2乗に比例する．流れる電流を $I_m \sin \omega t$ とすると，駆動力 F は次式となる．

$$F \propto (I_m \sin \omega t)^2 = \frac{I_m^2}{2}(1 - \cos 2\omega t) \tag{3.5}$$

駆動力は実効値の2乗に比例するので，基本的には目盛は2乗目盛となり，交流・直流両用である．

(2) 可動鉄片形計器の特徴
　①一般的に目盛は2乗目盛となる．
　②原理は交流・直流両用であるが，ヒステリシスのため，おもに交流用である．
　③うず電流損などの影響のため，使用上限周波数は $2\,\mathrm{kHz}$ 程度である．

④コイルが固定され，構造が単純であるので，丈夫で安価である．
⑤直接コイルに流せる電流は，10 mA～300 A 程度である．
⑥直流用コイルは，空芯コイルで駆動力が小さいため，外部磁界の影響を受けない工夫が必要である．

3.3.3 電流力計形計器

(1) 動作原理

図 3.8 のように，固定コイルと可動コイルの二つのコイルに電流を流し，それらが発生する磁界の相互作用を駆動力とする計器を**電流力形計器**（electrodynamic instrument）という．駆動力を τ_d，二つの磁界のなす角を α，固定コイルと可動コイルに流す電流をそれぞれ $i_f = I_f \cos\omega t$，$i_m = I_m(\cos\omega t - \varphi)$ とすると，次式が成り立つ．

$$F \propto i_f i_m \cos\alpha = \frac{I_f I_m}{2} \cos\alpha \{\cos\varphi + \cos(2\omega t - \varphi)\} \tag{3.6}$$

指針は，ω に追従できない場合，平均値 $I_f I_m \cos\alpha \cos\varphi$ に比例する．

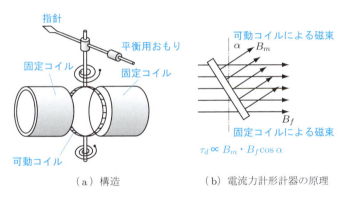

（a）構造　　　（b）電流力計形計器の原理

図 3.8 電流力計形計器の構造と原理

(2) 特徴

①二つのコイルの直列／並列を切り替えることで，分流器，倍率器を使用せずに測定範囲を変えることができる．
②1 台で電力計を構成できる．
③コイルが空芯のため，ヒステリシスの影響がなく，交流・直流両用である．
④コイルが空芯のため，磁束密度が小さい．そのため，外部磁界の影響を受けないように磁気シールドが必要である．
⑤可動コイルには最大 100 mA 程度しか流せないので，それ以上の電流は分流器を使用する．

3.3.4 整流形計器
(1) 動作原理

図 3.9 (a) のように，整流器と可動コイル形計器をブリッジに組み，交流・直流両用にした計器を，**整流形計器**（rectifier instrument）という．可動コイルには，図 (b) のように脈流が流れる．平均値指示形計器であるので，実効値表示とするため正弦波の波形率 $\pi/(2\sqrt{2})$ で補正してある．したがって，ほかの波形で使用するときはさらに補正が必要である．

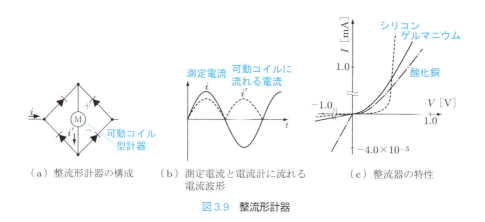

（a）整流形計器の構成　　（b）測定電流と電流計に流れる電流波形　　（c）整流器の特性

図 3.9　整流形計器

(2) 整流器

整流器には亜酸化銅，セレン，ゲルマニウム，シリコンが使用されている．図 (c) にその特性を示す．亜酸化銅，ゲルマニウムは正方向の直線性はよいが，亜酸化銅は周波数特性が劣る．シリコンは逆方向電流，周波数特性に優れているが，順方向特性が非直線的である．計器の温度特性はほとんど整流器の特性で決定され，電圧計では逆方向特性が，電流計では順方向特性が影響する．高周波ではダイオードの接合容量が影響し，ゲルマニウムで数 MHz が限度である．

3.3.5 熱電形計器
(1) 動作原理

熱線に電流を流し，ジュール発熱を**熱電対**（10.3.4 項 (1)）で電圧に変換して電流や電圧を測定する計器を，**熱電形計器**（electrothermal instrument）という．概略図を図 3.10 に示す．熱電対の電圧測定には可動コイル形計器が使用される．

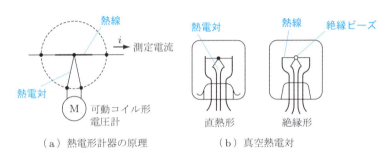

図 3.10　熱電形計器と真空熱電対

(2) 熱線と熱電対

熱線と熱電対を絶縁していない直熱形と絶縁した絶縁形がある．直熱形の方が感度が高いが，絶縁していないためのトラブルもある．さらに感度を上げるため，感部を真空ガラスに封入したものもある．熱線材料としては，温度係数の小さい白金，コンスタンタン，ニクロムが使用されている．熱電対は，銅－コンスタンタン，鉄－コンスタンタン，マンガニン－コンスタンタンなどが使用され，起電力は 20 mV 程度である．

(3) 特　徴

　①熱線を短く細くし，インダクタンスや表皮効果の影響を小さくしてあり，高周波に使用できる計器である．
　②熱を利用しているため，指示するまでの時間遅れがある．
　③熱線は定格の 2～3 倍で焼損するので，注意を要する．

3.3.6　静電形計器

(1) 動作原理

ほかの指示計器が電流（磁界）を駆動力としているのに対し，**静電形計器**（electrostatic instrument）は電圧（電界）を駆動力としているのが特徴である．図 3.11 のように 2 枚の電極に電圧をかけると，互いに正負異なる電荷が誘起し，吸引力がはたらく．2 枚の電極に蓄積されたエネルギー W は，電極面積を S，電圧を V，電極間隔を d，誘電率を ε とすると次式となる．

$$W = \frac{\varepsilon S V^2}{2d} \tag{3.7}$$

駆動力 F は，W を距離で微分して次式となる．

$$|F| = \frac{\varepsilon S V^2}{2d^2} \tag{3.8}$$

静電形電圧計
（写真提供：横河電機株式会社）

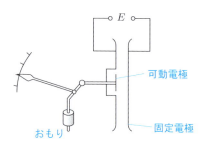

図 3.11　静電形計器

(2) 特　徴

①交流・直流両用である．

②無損失で入力抵抗が高く，理想的な電圧計である．とくに，直流では初期充電電流しか流れない．

③駆動力が小さいので高電圧用である．

④目盛は 2 乗目盛が一般的である．

3.3.7　誘導形計器

(1) 動作原理

移動磁界や回転磁界の中に導体を置くと，導体中の電流と磁界の相互作用により，導体に移動力や回転力が生じる．この力を駆動力とする計器を**誘導形計器**（induction instrument）という．図 3.12 のように，二つのコイルに位相差 β の電流を流すと，二つのコイルが作る磁界 Φ_1，Φ_2 により**移動磁界**が生じ，力 $f = \Phi_1 \Phi_2 \sin \beta$ を発生

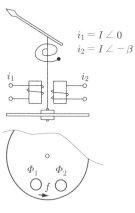

図 3.12　移動磁界形計器

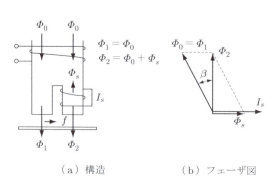

（a）構造　　　　（b）フェーザ図

図 3.13　くま取りコイルと磁界のフェーザ図

する (4.11.1 項 (2)). 一つのコイルで移動磁界を作る方法に**くま取りコイル**がある. 図 3.13 (a) のように一つの鉄心に二つの脚を設け，一方に短絡コイル（くま取りコイル）を付け，1 次コイルにより短絡電流 I_s を流す. 合成磁界の Φ_2 は図 (b) となり，Φ_1 と位相差 β の移動磁界を作る. 図 3.14 に 4 極の回転磁界の作り方を示す. 向かい合う 2 組の磁極に 90° の位相差をもつ電流 i_1, i_2 を流す. 図においては反時計方向の回転磁界が生じる. この回転磁界中に導体を置くと回転力が生じ駆動力となる.

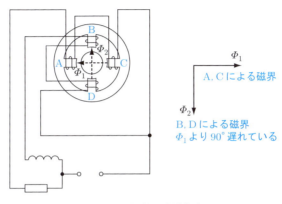

図 3.14　回転磁界形誘導計器

(2) 特　徴

①可動部の構造が簡単で丈夫である.
②駆動力が大きく，回転範囲も広いので広角表示ができる.
③制御装置がないと回転するので，電力量計に利用できる (4.11.1 項).

3.3.8　比率計形計器

互いに反対方向に作用する駆動装置にそれぞれ電流を流すと，二つの電流の比を指示する. **比率計形計器**としては，図 3.15 に示す可動コイル比率計形計器が一般的である. この計器で磁気ギャップを不均一にすると，二つのコイル C_1, C_2 の駆動力が指

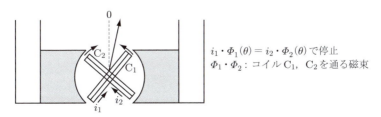

図 3.15　可動コイル比率計形計器

示角度により可変でき，電流の大きさの比を角度で表示できる．

3.4 測定範囲の拡大

可動コイル形計器では，可動コイルに流せる電流は最大数十 mA であり，電圧計として使用する場合でも，数十 mV が最大値である．電流計は，それ以上の電流は**分流器**（shunt）を使用し，電圧計は，倍率器を使用して測定範囲を拡大する．

3.4.1 電流計の範囲の拡大

図 3.16 のように，電流計と並列に抵抗 R_s を接続する．内部抵抗 R の電流計に流れる電流を i とすると，全体の電流 I との比は次式となる．電流計と並列に接続した抵抗を分流器といい，i と I の比 $(R_s + R)/R_s$ を**分流器の倍率**という．

$$I = \frac{R_s + R}{R_s} i \tag{3.9}$$

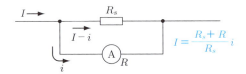

図 3.16 分流器の原理

3.4.2 電圧計の範囲の拡大

図 3.17 のように，内部抵抗 R に直列抵抗 R_m を接続する．全体の電圧 E と電圧計の電圧 e の比を求めると次式となる．電圧計に直列に入れた抵抗を電圧計の**倍率器**といい，$(R_m + R)/R$ が倍率となる．

$$E = \frac{R_m + R}{R} e \tag{3.10}$$

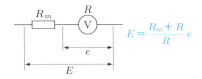

図 3.17 倍率器の原理

例題 3.1 定格値 10 mA，内部抵抗 100 Ω の電流計に分流器を接続し，1 A の電流計にしたい．分流器の抵抗値を求めよ．

解答

式 (3.9) より，次のようになる．
$$\frac{I}{i} = \frac{1}{0.01} = \frac{R_s + R}{R_s}$$
よって，$R = 100\,\Omega$ より，$R_s \simeq 1.01\,\Omega$ となる．

例題 3.2 定格 10 V，内部抵抗 1 kΩ の電圧計に，直列に抵抗を接続し，100 V の電圧計にしたい．何 Ω の抵抗を接続すればよいか．

解答

式 (3.10) より，次のようになる．
$$\frac{E}{e} = \frac{100}{10} = \frac{R_m + R}{R}$$
よって，$R = 1\,\mathrm{k\Omega}$ より，$R_m = 9\,\mathrm{k\Omega}$ となる．

3.4.3 多重レンジ電流計・電圧計

一つの計器に倍率器，分流器を付加し，多重範囲測定用の計器を構成することができる．図 3.18 に接続図を示す．

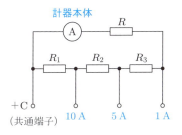

（a）多重レンジ電流計

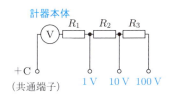

（b）多重レンジ電圧計

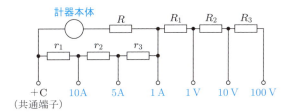

（c）多重レンジ電流電圧計

図 3.18 **多重レンジ計器**

3.4.4 容量分圧器，容量形変圧器

図 3.19 (a) のように，コンデンサ C_1，C_2 により分圧すると，V_1，V_2 の比は次式となる．

$$V_1 = \frac{C_1 + C_2}{C_1} V_2 \qquad (3.11)$$

ただし，電圧計のインピーダンス（Z）が高インピーダンスで，ほとんど電流は流れず，Z の影響が無視できるとしている．Z の影響が無視できないときは，図 (b) のように L を挿入し，$\omega^2 L(C_1 + C_2) = 1$ の共振条件を満足すると（例題 3.3 および演習問題 3.10 参照），V_1/V_2 は式 (3.11) と同じになり，Z の影響を除くことができる．この形式の分圧器を**容量形変圧器**という．容量形変圧器は，電圧計の影響を除くことができるが，共振条件が崩れると誤差となる．

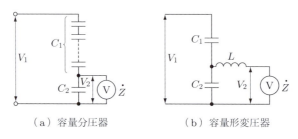

図 3.19 容量分圧器，容量形変圧器

例題 3.3 図 3.19 (b) の接続において，$\omega^2 L(C_1 + C_2) = 1$ の共振条件で式 (3.11) が成り立つことを確かめよ．電圧計のインピーダンスを Z とする．

解答

$$\frac{V_1}{V_2} = \frac{C_1 + C_2}{C_1} + \frac{1 - j\omega^2 L(C_1 + C_2)}{j\omega C_1 \dot{Z}}$$

より，$\omega^2 L(C_1 + C_2) = 1$ で式 (3.11) となる．

3.4.5 計器用変成器

高電圧での分圧器は電流損失が大きく，絶縁も不十分で危険性も高い．交流高電圧測定は，変圧器で電圧を降下させて測定する．商用周波数の交流大電流も，変圧器で電流を小さくして測定する．原理は電力用変圧器と同じであるが，計測に使用する変圧器をとくに計器用変成器という．電圧測定用を**計器用変圧器**（PT），電流測定用を**計器用変流器**（CT）という．

(1) 計器用変圧器

計器用変圧器（potential transformer; PT）は2次側電圧を110Vか150Vに定め，電圧計の種類を限定している．4～10 kV 以下では樹脂やワニスで絶縁した乾式のもので，それ以上の電圧では油入式である．実用上，商用周波用のものがほとんどであるが，モニター用に無線周波用もある．図3.20 に示すように，1次電圧 V_1 と2次電圧 V_2 の電圧比は，理想変圧器の場合，1次と2次の巻数 n_1, n_2 の比である．

$$K_n = \frac{V_1}{V_2} = \frac{n_1}{n_2} \tag{3.12}$$

K_n を**公称変成比**といい，2次側に負荷（電圧計）を接続すると，巻線抵抗，漏れ磁束により，V_1 と V_2 の比は K_n から変動する．そのときの変成比を K とし，その変動率を百分率で定義し，これを**比誤差** η という．

$$\eta = \frac{K_n - K}{K} \times 100 \ [\%] \tag{3.13}$$

位相角も負荷状態で変動する．位相角も比誤差同様，電力取引に重要な量であり，漏れ磁束，ヒステリシスを小さくし，磁気飽和のない磁気回路を使用する．比誤差を補正するために，実際は巻数比 n_1/n_2 を1～2％大きくしている．JIS で許容している比誤差，位相角を表3.4 に示す．

計器用変圧器
（写真提供：富士電機テクニカ株式会社）

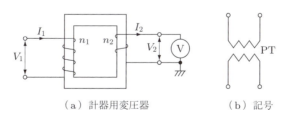

（a）計器用変圧器　　　（b）記号

図3.20　計器用変圧器

表 3.4 標準用計器用変圧器の比誤差と位相角の限度

確度階級	1 次電圧	比誤差の限度	位相角の限度
0.1 級	$0.05V_n$	$\pm 0.2\%$	$\pm 10'$
	$0.25V_n$	$\pm 0.15\%$	$\pm 7.5'$
	$(0.6\sim1.1)V_n$	$\pm 0.1\%$	$\pm 5'$
0.2 級	$0.05V_n$	$\pm 0.4\%$	$\pm 20'$
	$0.25V_n$	$\pm 0.3\%$	$\pm 10'$
	$(0.6\sim1.1)V_n$	$\pm 0.2\%$	$\pm 10'$

V_n は定格周波数の定格 1 次電圧

(2) 計器用変流器

計器用変流器（current transformer; CT）の公称変流比 K_n を，PT と同様に巻線比で定義する．

$$K_n = \frac{I_1}{I_2} = \frac{n_2}{n_1} \tag{3.14}$$

理想的変流比の変動を，PT の比誤差の式 (3.13) と同様に定義する．比誤差，位相角を小さくするためには，2 次側を完全に短絡し，漏れ磁束を小さくする．見かけの変流比が実際より大きくなるため，2 次側の巻数を減じてある．

図 3.21 に，計器用変流器の構成図と記号を示す．変流器も変圧器同様に，乾式と油入式があり，20 kV 以下で乾式，それ以上で油入式が用いられている．とくに，変流器は 2 次側を短絡しておかないと，開放電圧が高くなり，絶縁破壊や鉄心飽和による加熱などの危険性がある．

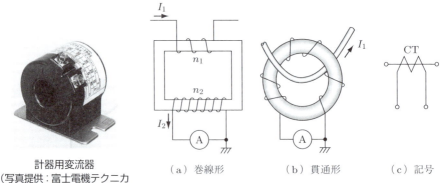

計器用変流器
(写真提供：富士電機テクニカ株式会社)　　(a) 巻線形　　(b) 貫通形　　(c) 記号

図 3.21 計器用変流器

電子式計器

電気・電子計測に，トランジスタ，集積回路 (IC)，マイクロコンピュータなどの電子技術を応用した電子式測定機器が 1950 年代から製品化され，広い分野で利用されるようになった．電圧測定を基本とし，電流，抵抗測定機能も付加したマルチメータも少なくない．ディジタル式とアナログ式があり，測定範囲も $1\,\mu V$ 以下〜$1\,kV$ 程度，$1\,\mu A$ 以下〜$10\,A$ 程度，$1\,m\Omega$〜$1000\,M\Omega$ 程度と飛躍的に拡大し，精度も高くなった．

機能の拡大とともに使用方法も複雑になり，計測技術に合わせて電子技術も理解しないと，正しい計測を行うことはできない．第 7 章に電気・電子計測に役立つディジタル理論を記述した．ディジタル計器の性能を理解するうえで大切な理論であるので理解を深めてほしい．図 3.22 に，一般的なディジタル計器の基本構成図を示す．

図 3.22 ディジタル計器の基本構成図

(1) 入力変換部

入力変換部では，測定対象を 1 V 程度の直流電圧に変換する．電流や抵抗測定では電圧降下を利用し，交流は整流器で直流に変換される．

(2) A-D 変換部

A-D 変換器 (A-D converter) はディジタル計器の心臓部であり，アナログ量をディジタル量に変換する（7.1 節）．交流電圧測定で，整流回路を通さずに，直接サンプリング回路から A-D 変換部を通し，演算により電圧表示した方が精度が高い．

(3) 処理と表示

A-D 変換されたディジタル量は，変換と演算を行って表示される．表示器には，**CRT** (cathode ray tube, 9.1 節) やプリンタ，発光ダイオード，液晶パネルなどがある．

演習問題

3.1 式 (3.1) が，$R_2 = \alpha_0 R_1/(\alpha_1 - \alpha_0)$ で温度に関係ない式となることを確かめよ．

3.2 平等目盛の可動コイル形計器で，一定値の視差があるとき，相対読み取り誤差は振れ角 θ とともにどのように変化するか．

3.3 問図 3.1 に示す電圧を可動コイル形電圧計で測定したときの指示値はいくらか.

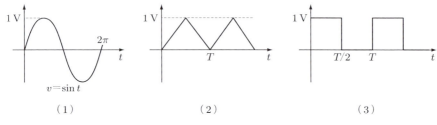

問図 3.1

3.4 問図 3.1 に示した電圧を可動鉄片形電圧計で測定したときの指示値はいくらか.
3.5 可動鉄片形計器で $v = \sqrt{2}V_1 \sin\omega t + \sqrt{2}V_2 \sin 3\omega t$ の電圧を測定すると，指示値はいくらか．ただし，ω, 3ω は低周波で，計器の感度範囲内である．
3.6 可動コイル形，可動鉄片形，電流力計形，整流形，熱電形の電流計がある．次の電流，電圧を測定するとき，どの計器が最適か．ただし，交流の場合は (3) 以外は正弦波とする．
  (1) 3 MHz の電圧の測定
  (2) 直流で校正しながらの交流電流の測定
  (3) 50 Hz の半波整流電圧の実効値の測定
  (4) 1 kHz の電圧の測定
  (5) 10 mA の直流電流
3.7 内部抵抗 20 Ω, 定格 200 mA の電流計に直列に抵抗を接続し, 定格 100 V の電圧計として利用したい. 接続する抵抗の値を求めよ.
3.8 問図 3.2 のように, 内部抵抗 100 Ω, 定格 5 mA の電流計 M に分流器を接続し, 1 A, 10 A 計の多重レンジ計器として使うとき, 抵抗 r_1, r_2 を求めよ.

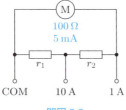

問図 3.2

3.9 定格 3 kV の静電形電圧計に直列に静電容量を接続し，30 kV の電圧計として利用したい．接続する静電容量の値を求めよ．ただし，静電形電圧計の容量を 1000 pF とする．
3.10 容量分圧器を用いて電圧測定を行う．図 3.19 (a) において $\dot{Z}$ が十分大きいとき ($|\dot{Z}| \gg 1/\omega C_2$) の倍率 M と，そうでないときの倍率 M' を求めよ．$|M'| = \alpha |M|$ と補正するときの係数 α を求めよ．

第4章 直流・低周波の測定

電気・電子計測の基本は，電流・電圧を測定することである．電流・電圧以外の物理量も電流や電圧に変換し，電流計・電圧計からその物理量を測定することから，電流・電圧の測定は計測でもっとも重要な事項である．この章でアナログ測定の基本的な事項を記述した．

 指示計器による電流・電圧測定

計器を挿入したための誤差，周波数，定格などに注意すれば，ほとんどの電流・電圧は指示計器で正確に測定できる．

(1) 直流電流測定

μA〜mA の範囲は可動コイル形計器（3.3.1 項）で測定する．10 A 程度までは内部分流器で十分であるが，それ以上の電流では外部分流器（3.4.1 項）が必要である．

(2) 直流電圧測定

mV〜kV の範囲は可動コイル形計器（3.3.1 項）と内部の倍率器（3.4.2 項）で測定する．それ以上の電圧では，静電形計器（3.3.6 項）や容量分圧器（3.4.4 項）を併用して測定する．

(3) 交流電流測定

商用周波数，mA 以上では，可動鉄片形計器が一般的である．mA 以下では，整流形（3.3.4 項）や熱電形（3.3.5 項）が用いられる．大電流では，計器用変流器（3.4.5 項(2)）を併用して測定する．可聴周波数から数 MHz までの周波数帯では，整流形や熱電形が用いられる．また，交流・直流両用の計器（電流力計形や熱電形など）を使用すると直流と比較しながら測定できる．

(4) 交流電圧測定

商用周波数では可動鉄片形，可聴周波数以上では整流形（3.3.4項）や熱電形（3.3.5項）の計器で測定する．高電圧は，計器用変圧器（3.4.5項(1)）で0〜150Vに降圧して測定する．微小電圧は，古くは検流計を用いたが，近年では増幅器を用いた電子計器（3.5節, 7.2節）を利用して計測する．高電圧は，直流と同様に，静電形計器（3.3.6項）が利用できる．

電位差計

電位差計は，測定対象から電流を取り出さずに電圧が測定できる．零位法（1.2.3項）の代表的な測定法で，1V程度の測定にはもっとも精度の高い測定器である．

4.2.1 直流電位差計
(1) 原理と測定順序

図4.1(a)において，V_0 と E が等しいときに，a-a′，b-b′ を接続しても電流 I は流れないことを利用したものである．測定は，図(b)において次のように行う．

① R を E_s の電圧（目盛は抵抗値でなく電圧目盛になっている）に合わせる．
② SWを1に入れ，R_0 を調整して $I=0$ となるように i を調整する．
③ SWを2に入れ，R を調整して $I=0$ とする．測定電圧を E_x，標準電池の電圧を E_s，測定順序②，③における R の値を R_1, R_2 とすると次式を得る．

$$E_x = \left(\frac{R_2}{R_1}\right) E_s \tag{4.1}$$

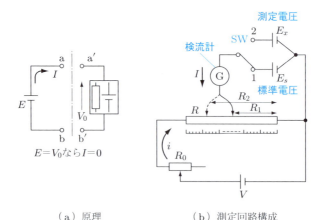

（a）原理　　　　（b）測定回路構成

図4.1　直流電位差計

電位差計
(写真提供：横河計測株式会社)

　この測定は，熱起電力を考慮しなければならないほど精密な測定であり，V，E_s，E_x の極性を反転して，平均値より結果を求める．i の安定が重要であり，長時間安定した電源 V が必要である．抵抗素子も 10^{-3} ％以下の変化率が必要であるため，同一ロットの素材を使用している（演習問題 4.2，4.3 参照）．

(2) 可変抵抗器

　電位差計の**可変抵抗器**には，**すべり線抵抗器**，**ダイヤル形抵抗器**，またはそれらの組合せが使用されている．すべり線抵抗器は一様な太さの抵抗線をブラシで可変するので，精度は 3 けた程度で高くない．図 4.2 は，ダイヤル抵抗器とすべり線を組み合わせた可変抵抗器である．上位のけたほど相対的に高い精度が要求されるので，下位にすべり線抵抗器を使用している．中央のダイヤル式の部分は，全体の抵抗値が一定になるように差動接続されている．

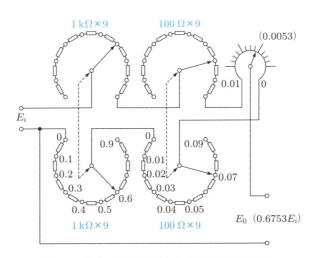

図 4.2　ダイヤル形抵抗器とすべり抵抗器の組合せ

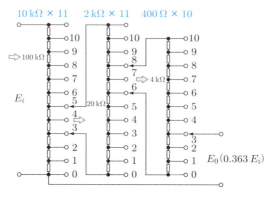

図 4.3 ケルビン-バーレー回路

図 4.3 は，接触抵抗を減らすため，ブラシを 2 個使用した**ケルビン-バーレー**（Kelvin-Valeys）**回路**である．

4.2.2 電流比較形電位差計（current comparator type potentiometer）

電位差計の精度の向上に障害となるものに，電源電圧の変動，温度による抵抗値変化，接触電位差，接触抵抗などがある．これらの障害を除いた高精度の電位差計を図 4.4 に示す．1 次巻線 N_1，2 次巻線 N_2 に平衡検出器用巻線を設けた変圧器を使用する．平衡時は $N_1 I_1 = N_2 I_2$, $E_s = I_1 R$, $E_x = I_2 R$ より，次式となる．

$$E_x = \frac{N_1}{N_2} E_s \tag{4.2}$$

巻線比により電圧が測定できるので，抵抗分圧器による欠点を補うことができる．

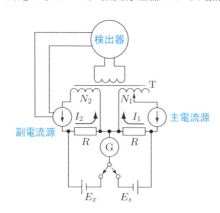

図 4.4 電流比較形電位差計

4.3 微小電流・電圧の測定

微小電流・電圧測定もこれまでの測定と手法が異なるわけではないが，次の点に配慮する必要がある．
　①熱起電力，接触電位差の影響を受けやすい．
　②雑音の影響を受けやすいので，軽減法，評価法をあらかじめ考えておく必要がある．
　③測定装置を挿入することで，測定対象の状態を乱しやすい．

微小電流・電圧は，以前は検流計，電位差計で測定するのが一般的であったが，電子計器（3.5 節，第 7 章）が手軽で精度が高い．

可動コイル形計器の永久磁石を強力にして高感度とし，制御トルクを小さくした電流計を**検流計**（galvanometer）という．指針形と，図 4.5 に示す反照形がある．反照形は，制御トルクはつり線のねじれを利用し，つり線に付けた鏡に光を当てて反射光の反射角より検流する．感度を上げるために，コイルを軽量にして制動装置を付加せず，コイルが動くときの逆起電力による電流を制動力に利用した電磁制動（3.2.1 項 (3)）が使われている（演習問題 4.4 参照）．

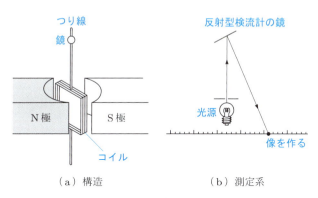

（a）構造　　　　　（b）測定系

図 4.5　反照形検流計

4.4 大電流の測定

4.4.1 直流大電流の測定

5～10 kA 程度までは分流器（3.4.1 項）を用いる．それ以上の電流は，ホール素子を利用するか，直流変流器を用いる．

(1) ホール素子による測定

図 4.6 に示すように，測定電流によって生じる磁界を，**ホール素子**（2.4.2 項, 6.1.3 項）で測定し電流値に換算する．

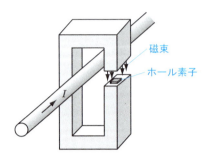

図 4.6 ホール素子による電流測定

(2) クレーマ式直流変流器

図 4.7 (a) のように，鉄心 A, B に巻数 n_1, n_2 の 1 次，2 次巻線を設け，A に測定電流 I_1, B に補助交流電圧 V を印加する．2 次巻線は A と B が逆極性となっており，I_2 を測定すると 1 次電流 I_1 を求めることができる．

鉄心の磁化曲線が図 (b) とすると，鉄心は I_1 で飽和する．V を印加すると，交流の半周期ごとに，A, B に交互に $e = n_2 d\Phi/dt$ の誘導起電力が生じ，V と平衡する．

$\widetilde{I_2}$ は方形波で，整流した直流 I_2 は次式となり，1 次電流が測定できる．

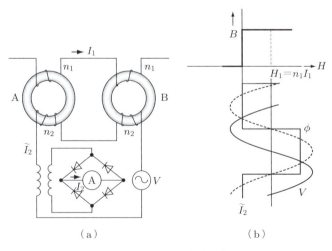

図 4.7 クレーマ式直流変流器

$$I_2 = \frac{n_1}{n_2} I_1 \tag{4.3}$$

4.4.2 交流大電流の測定

商用周波数，大電流は，計器用変流器（3.4.5 項 (2)）を利用する．

4.5 高電圧の測定

直流高電圧は，10 kV 程度までは，抵抗分圧器と直流電圧計で測定できる．精度はやや劣るが，静電圧計は数 kV～数百 kV まで，分圧器を使用せずに測定できる．

交流高電圧は，計器用変圧器（3.4.5 項 (1)）と交流電圧計の組合せで測定するのが一般的である．小型にするときは，分圧器に容量分圧器を使用する．パルス高電圧は，硫酸銅分圧器とオシロスコープ（9.1 節）の組合せで測定する．そのほか，超高圧では球ギャップ，クリドノグラフなどがあるが，いずれも常時指示形の計器ではない．

4.6 特殊な変流器，特殊な測定

4.6.1 ファラデー素子による変流器

図 4.8 に示すように，**ファラデー素子**（鉛ガラスプリズム）にレーザ光を入射させると，電流による磁界で偏光面が回転する．2 個の偏光器により偏光面の変化を強度変化に変換し，電流を測定する．

この変流器は，光ファイバーを通して光を供給しているので，高電圧と測定系を完全に絶縁できる．磁気飽和もなく，超高圧，大電流には最適な変流器である．

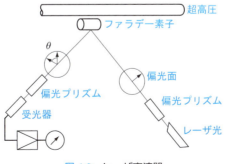

図 4.8　レーザ変流器

4.6.2 ピーク値測定

図 4.9 に示すように，整流器 D を通して C を充電し，ピーク値を測定する．v の測定用電圧計の入力インピーダンスは，十分高くなければならない．

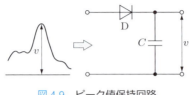

図 4.9 ピーク値保持回路

4.6.3 ロゴスキーコイル

核融合プラズマの研究など，大電流パルスの測定は分流器の製作が難しい．電流回路と非接触で測定できる**ロゴスキーコイル**（Rogowski coil）が最適である．図 4.10 に示すように，ロゴスキーコイルを積分器に接続し，シンクロスコープ（9.1.1 項 (2)）で波形観測して電流を測定する．

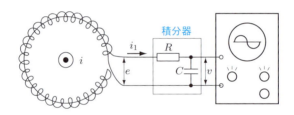

図 4.10 ロゴスキーコイルによる電流測定

ロゴスキーコイルの誘起電圧 e は，ロゴスキーコイルに流れる電流を i_1，積分器の抵抗を R，容量を C とすると，次式となる．

$$e = -M\frac{di}{dt} = Ri_1 + \frac{1}{C}\int i_1 \, dt \tag{4.4}$$

ここで，M は測定線路とロゴスキーコイルの相互誘導係数である．時定数 RC を大きくとると，式 (4.4) の第 2 項は無視でき，$i_1 \simeq -(M/R)di/dt$ となる．したがって，C の両端の電圧 v は次式となる．

$$v = \frac{1}{C}\int i_1 \, dt = -\frac{M}{RC}i \tag{4.5}$$

4.7 電力の測定

4.7.1 直流電力の測定
(1) 電流計と電圧計による測定

電流 I，電圧 V，負荷抵抗 R とすると，負荷で消費される電力 P は次式となる．

$$P = VI = I^2 R = \frac{V^2}{R} \tag{4.6}$$

R が既知であれば，電流あるいは電圧の一方を測定すれば，電力は測定できる．電流値により抵抗値が変化するものは，電流と電圧の値から計算する．図 4.11 は電流計，電圧計により電力を測定する回路であるが，計器の位置により補正量が異なるため，負荷抵抗の大きさにより回路を選択する．

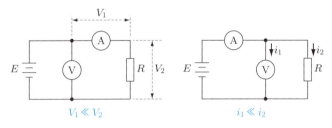

（a）負荷抵抗が大きいとき　　（b）負荷抵抗が小さいとき

図 4.11　電流計と電圧計による電力測定

(2) 電流力計形計器による測定（直流電力計）

電流力計形計器（3.3.3 項）の二つのコイルの一方を電流コイル，他方を電圧コイルとする．電流コイル，電圧コイルの接続は，電流の大小により，補正量の小さい方を選択する．実際の電力計は，図 4.12 において，点 A，B への接続をプラグにより切り替える構造となっている．

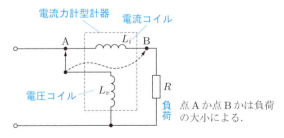

図 4.12　電流力計形計器による電力測定

52 第4章 直流・低周波の測定

例題 4.1 図 4.11 (a) の接続で，電流計，電圧計の指示が 5 A，20 V であった．電流計の内部抵抗を 0.1 Ω としたとき，R の消費電力を求めよ．

解答

$W = (20 - 0.1 \times 5) \times 5 = 97.5 \, \text{W}$

4.7.2 単相電力の測定

負荷にリアクタンス成分があると，電圧と電流に位相差が生じ，電圧と電流の振幅の積が電力とはならない．電圧 $v = \sqrt{2}\,V \sin \omega t$，電流 $i = \sqrt{2}\,I \sin(\omega t - \phi)$ としたとき，**有効電力**（effective power），**無効電力**（reactive power），**皮相電力**（apparent power）は，次式となる．ただし，R，X はそれぞれ回路の抵抗成分とリアクタンス成分である．

$$\text{有効電力：} \quad P = VI \cos \phi = RI^2$$

$$\text{無効電力：} \quad Q = VI \sin \phi = XI^2$$

$$\text{皮相電力：} \quad S = VI = \sqrt{P^2 + Q^2}$$

それぞれの単位は，有効電力は**ワット** [W]，無効電力は**バール** [Var]，皮相電力は**ボルトアンペア** [VA] である．単に電力という場合，有効電力のことをいう．

(1) 電流力計形計器による測定

商用周波数における電力測定は，電流力計形計器（3.3.3 項）で行われる．電圧，電流端子の接続は直流電力測定と同じである（図 4.12 参照）．

(2) 3 電圧計法と 3 電流計法

三つの電圧計と一つの抵抗，あるいは三つの電流計と一つの抵抗で，交流電力を測定することができる．それぞれを **3 電圧計法**，**3 電流計法**という．

3 電圧計法は，図 4.13 (a) のように接続する．3 個の電圧計のそれぞれの指示値を V_1，V_2，V_3 とすると，フェーザ図より次式が成り立つ．

$$V_1{}^2 = V_2{}^2 + V_3{}^2 + 2V_2 V_3 \cos \phi \tag{4.7}$$

電圧計に流れる電流は，いずれも小さく無視できるとし，$V_2 = IR$ を式 (4.7) に代入すると，電力 W は次式となる，

$$W = V_3 I \cos \phi = \frac{1}{2R}(V_1{}^2 - V_2{}^2 - V_3{}^2) \tag{4.8}$$

3 電流計法は，3 個の電流計と抵抗 r を図 (b) のように接続する．指示値をそれぞれ I_1，I_2，I_3 とすると，フェーザ図より次式が成立する．

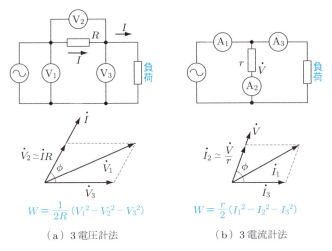

(a) 3電圧計法　　　　(b) 3電流計法

図 4.13　3電圧計法と3電流計法

$$I_1^2 = I_2^2 + I_3^2 + 2I_2 I_3 \cos\phi \tag{4.9}$$

電流計による電圧降下を無視し，負荷にかかる電圧を V とする．$I_2 \simeq V/r$ とすると，電力 W は次式となる．

$$W = V I_3 \cos\phi = \frac{r}{2}(I_1^2 - I_2^2 - I_3^2) \tag{4.10}$$

4.7.3　三相電力の測定

三相電力の測定は，平衡電圧，平衡負荷に対しては，一つの負荷の消費電力を3倍して全電力を求める．図 4.14 (a) において，相電圧を V_p，線間電圧を V，負荷に流れる電流を I とすると，$V = \sqrt{3} V_p$ より，全電力 W は次式となる．

$$W = 3 V_p I \cos\phi = \sqrt{3} V I \cos\phi \tag{4.11}$$

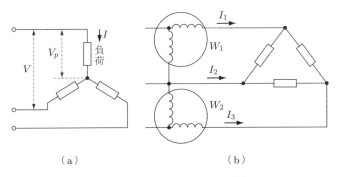

(a)　　　　(b)

図 4.14　平衡三相交流電力の測定

図 (b) のように，負荷が △ 結線のときは，線間電圧と電流より，電力 W は 2 個の電力計から求めることができる．二つの電力計の指示値を W_1, W_2 とする．それぞれの線間電圧を V_{12}, V_{23} とし，電力計に流れる電流を I_1, I_2 とすると，次式のように二つの電力計の和が全電力となる．

$$W = W_1 + W_2 = V_{12}I_1\cos(30° + \phi) + V_{23}I_3\cos(30° - \phi)$$
$$= \sqrt{3}\,VI\cos\phi \tag{4.12}$$

一般に，n 線式の電力は，$n-1$ 個の電力計で測定できる．これを**ブロンデル**（Blondel）**の法則**という（演習問題 4.9 参照）．

無効電力の測定

無効電力は，有効電力のように仕事をする電力ではないが，力率の計算，制御用信号，電力取引のデータとして重要な量である．

4.8.1 単相無効電力の測定

図 4.15 のように，電流力計形計器の電圧端子に十分大きな L を接続すると，電力計の電圧コイルに流れる電流 i_p は，負荷電圧 V より 90° 位相が遅れる．電力計の指示値 Q は，次式のように，無効電力に比例した値となる．

$$Q \propto V i_p \propto VI\cos(90° - \phi) = VI\sin\phi \tag{4.13}$$

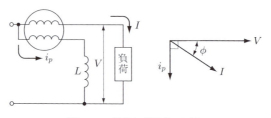

図 4.15 単相無効電力の測定

4.8.2 三相無効電力の測定

三相平衡負荷の無効電力は，単相電力計を図 4.16 のように接続し，測定値を $\sqrt{3}$ 倍して求める．電力計の指示値を Q_1 とすると，全無効電力 Q は次式となる．

$$Q_1 = V_{23}I_1\cos(90° - \phi) = V_{23}I_1\sin\phi = \sqrt{3}\,V_1I_1\sin\phi$$
$$Q = \sqrt{3}\,Q_1 = 3V_1I_1\sin\phi \tag{4.14}$$

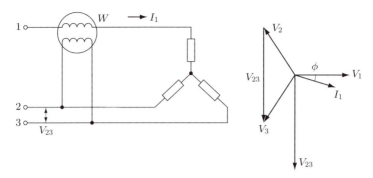

図 4.16 三相平衡負荷の無効電力の測定

三相不平衡負荷の無効電力は，ブロンデルの法則を利用し，有効電力と同様に，2個の単相無効電力計で測定できる．

4.9 微小電力の測定

微小電力の測定は，直流に関しては電位差計（4.2.1 項）を，交流に関しては電子計器（7.2.3 項，7.2.4 項）を使用するのが一般的である．

4.10 大電力の測定

交流大電力の測定は，計器用変成器（3.4.5 項）と電力計によって行われる．測定系全体の誤差は，次式で与えられる．

$$W = VI\cos\phi \quad （正しい電力）$$
$$W' = k_p k_c VI\cos(\phi - \theta_c + \theta_p) \quad （PT，CT 通過後の電力）$$

ここで，k_p と θ_p，k_c と θ_c は，それぞれ PT，CT の公称変成比と位相角である．全体の誤差率 ε は次式となる．

$$\begin{aligned}
\varepsilon &= \frac{W' - W}{W} \times 100 \\
&= \frac{(1 + \varepsilon_p \times 10^{-2})(1 + \varepsilon_c \times 10^{-2})\cos(\phi - \theta_c + \theta_p) - \cos\phi}{\cos\phi} \times 100 \\
&\simeq \varepsilon_p + \varepsilon_c + 0.0291(\theta_c - \theta_p)\tan\phi \quad (4.15)
\end{aligned}$$

4.11 電力量の測定

電力取引は，電力量を基準として行われるから，電力量計は商業上もっとも重要な計器の一つである．電力量計は計器の3要素のほかに，計量装置（積算装置）が付加されている．

4.11.1 単相電力量計
(1) 構 成

一般家庭の商用電源で使用されている**単相電力量計**は，図 4.17 に示すように，誘導形計器（3.3.7項）で構成されている．1組の電圧・電流コイルによる移動磁界と，それにより誘起される電流と磁界の相互作用で円板が回転する．その回転数を積算して電力量を計測する．そのほか，制動用永久磁石，計量用装置，また，位相調整装置，軽負荷補償装置，重負荷補償装置，潜動防止装置などの**補償装置**からなる．

単相電力量計
（写真提供：東北計器工業株式会社）

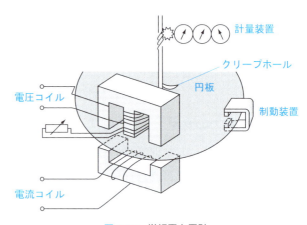

図 4.17 単相電力量計

(2) 原 理

負荷電圧 V による磁束 Φ_v は，電圧コイルのインダクタンスが大きいので V より 90° 遅れる．電流による磁束 Φ_c と Φ_v は，$\Phi_c \to \Phi_v \to -\Phi_c$ の順に移動する磁界を作る．円板上には，それぞれの磁束による**うず電流** i_c，i_v，$-i_c$ が図 4.18 (a) のように生じる．うず電流と磁界の相互作用により，トルクが発生する．図 (b)，(c) より，トルクは次のように整理できる．

① i_c，$-i_c$ と Φ_v によるトルク T_1 は，

$$T_1 \propto \Phi_v i_c \cos\phi + (-\Phi_v i_c)\cos(180° + \phi) \propto VI\cos\phi$$

② i_v と Φ_c，$-\Phi_c$ によるトルク T_2 は，

4.11 電力量の測定   57

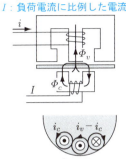
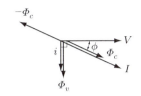
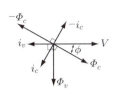

(a) 移動磁界の原理　　(b) 負荷電圧, 電流と磁界の関係　　(c) 磁界と円板上の電流の関係

図 4.18　単相電力量

$$T_2 \propto i_v \Phi_c \cos\phi + (-i_v \Phi_c)\cos(180° - \phi) \propto VI\cos\phi$$

③円板にはたらくトルク T は,

$$T = T_1 + T_2 \propto VI\cos\phi \tag{4.16}$$

永久磁石による制動力は, 回転速度 v に比例したトルク τ_d を発生するから, $\tau_d = k_2 v$ とおく. 式 (4.16) で $T = k_1 VI\cos\phi$ とし, $T = \tau_d$ とおくと, 次式が成り立つ.

$$v = \frac{k_1}{k_2} VI\cos\phi \equiv KVI\cos\phi$$

回転数 n は v に比例するから, 総回転数 N は, 次式より電力量となる.

$$N = \int n\,dt = K\int VI\cos\phi\,dt \tag{4.17}$$

(3) 位相調整装置

電圧コイルと磁束の位相差は, コイルの抵抗や鉄損のために 90° より小さくなる. 図 4.19 のように 2 次コイルに電流を流すと, 位相差を 90° にすることができる.

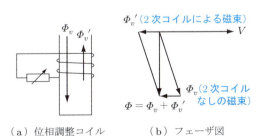

(a) 位相調整コイル　　(b) フェーザ図

図 4.19　単相電力量計の位相調整装置

(4) 軽負荷補償装置

歯車や軸受などの機械的摩擦力に対する軽負荷時の誤差を補償するために，図 4.20 のように短絡円環を一方にずらし，くま取りコイル（図 3.13 参照）と同じ作用により軽負荷を補償する．

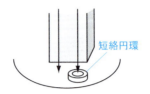

図 4.20　短絡円環による軽負荷補償装置

(5) 潜動防止軽負荷補償装置

電圧コイルの励磁だけで円板が回転することを，**潜動**（creeping）現象という．潜動を防ぐために，円板に**クリープホール**（小さな穴）を設け，うず電流に対する抵抗を大きくして潜動を防いでいる．

このほか，実際の計器では重負荷に対する特性を改善するための構造が施されている．その他の細かい特性は，JIS C 1210，1211，1216 に示されている．

4.11.2　三相電力量計

電力会社の三相電力の売買量は，単相電力量のそれに比べはるかに多い．三相電力量の計測は重要な事項である．原理は，電力測定（4.7.3 項）と同様に，2 個の単相電力量計で測定できる．

  力率の測定

力率 $\cos\phi$ は，有効電力 P と皮相電力 S の比で与えられる．

$$\cos\phi = \frac{P}{S} = \frac{P}{VI} \tag{4.18}$$

4.12.1　単相力率計

図 4.21 に示すように，比率計形計器（3.3.8 項）の二つのコイルに，それぞれ電圧と同相，および 90° 位相遅れの電流を流し，固定コイルに負荷電流を流す．二つのコイルには，トルク T_A と T_B が次式のように作用する．

$$\left.\begin{array}{l} T_A = VI\cos\phi\cos(90°-\theta) \\ T_B = VI\cos(90°-\phi)\cos\theta \end{array}\right\} \tag{4.19}$$

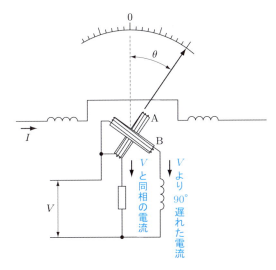

図 4.21 比率計形計器による力率計

静止位置では $T_A = T_B$ なので，$\theta = \phi$ となり，θ が位相差を表示する．

4.12.2 三相の力率測定

三相の力率の場合，図 4.14 において，電力計の指示値を W_1, W_2 とすると力率は次式となる．

$$\cos\phi = \frac{W_1 + W_2}{\sqrt{3}VI} = \frac{W_1 + W_2}{\sqrt{3\{W_1{}^2 + W_2{}^2 + (W_1 - W_2)^2\}}} \tag{4.20}$$

演習問題

4.1 次の量を測定するのに適当な方法を一つあげよ．
  (1) 交流電圧の波高値
  (2) 10^{-10} A 程度の直流電流
  (3) 10^5 V 程度の商用交流電圧
  (4) 高圧インパルス

4.2 問図 4.1 において R の分圧される抵抗比を $\alpha : 1-\alpha$ とし，検流計 G の感度がもっとも劣るときの α を求めよ．

4.3 内部抵抗 10 kΩ の電池を，全抵抗 30 kΩ の電位差計で測定する．10 μV まで検出したいとき，検流計の感度はどの程度必要か．ただし，検流計の内部抵抗は無視する．

4.4 問図 4.2 に示す $L = 1.5$ m の反照形検流計で，スケール上での判別可能な量を 5 mm とし，0.01 μA まで検出しようとするとき，検流計の感度はどの程度必要か．

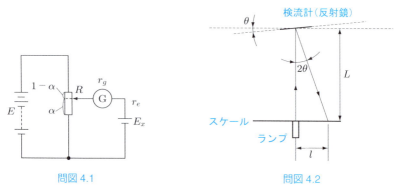

問図 4.1   問図 4.2

4.5 ある導体に電流 I が問図 4.3 のように流れている．外部より電源 E を接続し，R を可変したところ，電流計の指示値 i_1, i_2 に対し電圧が v_1, v_2 であった．電流 I を求めよ．ただし，電圧計の内部抵抗は十分高いとする．

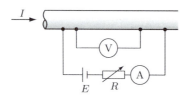

問図 4.3

4.6 電流力計形電力計を問図 4.4 のように接続した．負荷抵抗 $R = 20\,\Omega$，電源電圧 $E = 100\,\mathrm{V}$ のとき，それぞれ電力計の指示値と R で消費される電力はいくらか．ただし，電力計の電流コイル，電圧コイルの抵抗値を $5\,\Omega$, $10\,\mathrm{k}\Omega$ とする．

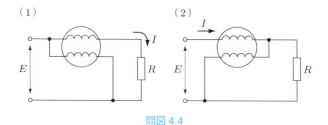

問図 4.4

4.7 平衡二相負荷電力を二つの電力計で測定したところ，一方の電力計の指示値が 0 であった．負荷の力率を求めよ．

4.8 誘導性負荷の有効電力，無効電力，力率を問図 4.5 によって測定しようとした．スイッチ SW を閉じたときと開いたときの電力計の指示値をそれぞれ P_1, P_2 とするとき，無効電力，力率を求めよ．電力計の電圧コイルは無誘導で抵抗値 R をもち，電流コイルの抵抗値は十分小さく無視できるとする．また，C のかわりに L を用いたらどうか．

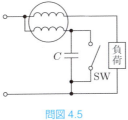

問図 4.5

4.9 n 線式の交流電力が $n-1$ 個の単相電力計で測定できることを証明せよ（ブロンデルの法則）．

第5章 抵抗・インピーダンスの測定

電気・電子計測において，電流，電圧と並んで基本的な量が抵抗とインピーダンスである．抵抗体の形状，性質，値の大小により測定方法が異なるので，それぞれに応じた測定方法を選択しなければならない．

5.1 中位抵抗の測定

5.1.1 電圧降下法

未知抵抗 R に流れる電流 I とその両端の電圧 V を測定し，オームの法則で抵抗を求める方法を**電圧降下法**といい，非線形抵抗や，動作電流での動的測定などには最適な方法である．

$$R = \frac{V}{I} \tag{5.1}$$

測定に際し，電流計，電圧計の内部抵抗で補正し精度を高めなければならない．計器を挿入した位置による補正は，図 5.1 のように行う．

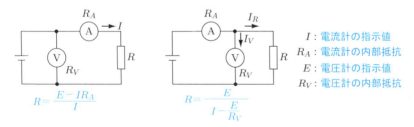

（a）抵抗が大きいときの接続　（b）抵抗が小さいときの接続

図 5.1　電圧降下法による抵抗測定

例題 5.1 図 5.1 (a) において，電流計，電圧計の指示値が 20 mA，50 V であった．電流計の内部抵抗値を 40 Ω とし，抵抗値を求めよ．

解答

$$R = \frac{E - IR_A}{I} = 2460\,\Omega$$

5.1.2 回路計

回路計は**テスタ**という名で知られており,電流,電圧,抵抗を手軽に測定できる計器である.ロータリースイッチを回転させるだけで,いろいろな量が簡便に測定できる.最近はディジタル式のものが多いが,経験上アナログ表示の方が使用しやすい.図 5.2 は回路計の抵抗測定部である.計測は端子 ab を短絡し,零調整を R_F で行った後,ab 間に未知抵抗を接続し値を読み取る.r_s を切り替えることでレンジの切り替えが可能で,広範囲の測定ができる.

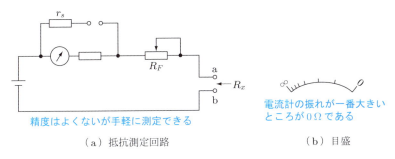

(a) 抵抗測定回路   (b) 目盛

図 5.2 回路計(テスタ)

5.1.3 ホイートストンブリッジ

ホイートストンブリッジ(Wheatstone bridge)は,中位抵抗測定の零位法の代表的な測定法である.図 5.3 で点 b,c の電位が等しいときは,検流計 G に電流が流れず,次式が成り立つ.

$$X = \frac{Q}{P}R \tag{5.2}$$

Q/P を比例辺(ratio arm)といい,…,0.01,0.1,1.0,10.0,…と選択すると,X は R のけた移動だけで測定できる.しかし,各抵抗値が同じ程度のとき感度が一番高いので,Q/P の比の選択に注意を要する(演習問題 5.3 参照).式 (5.2) は E とは

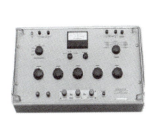

ホイートストンブリッジ
(写真提供:横河計測株式会社)

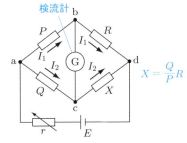

図 5.3 ホイートストンブリッジ

独立の式であり，電源の変動に影響されない．

最近はディジタル計器での測定が一般的となり，ホイートストンブリッジによる抵抗測定は使用されなくなってきたが，計測制御には大切な基本回路である．

例題 5.2 図5.3で$P = 100\,\Omega$，$Q = 10\,\Omega$，$R = 45\,\Omega$で平衡したときのXを求めよ．

解答
$$X = \frac{Q}{P}R = 4.5\,\Omega$$

例題 5.3 図5.3で$P = 100\,\Omega$，$Q = 50\,\Omega$でRを調整したが，$R = 25\,\Omega$で検流計Gが正方向に3目盛，$24\,\Omega$で負の方向に2目盛振れた．Rの値とGの振れから，Xを補間して求めよ．

解答
$$R = 24 + (25 - 24) \times \frac{2}{3+2} = 24.4\,\Omega, \quad X = \frac{50}{100} \times 24.4 = 12.2\,\Omega$$

5.2 低抵抗の測定

$m\Omega$〜数Ω程度の低抵抗を測定する場合，導線抵抗，接触抵抗，熱起電力，抵抗の温度による変化などが誤差の要因として考えられる．測定回路は，これらの影響を軽減する工夫が必要である．

5.2.1 電圧降下法

5.1節の中位抵抗値の測定回路に，電流と電圧端子を専用に設けて測定する．図5.4(a)に測定回路を示す．この等価回路は図(b)となり，$R_V \to \infty$とすると，接触抵抗R_1，R_2に関係なく，電流値と電圧値よりR_xを求めることができる．

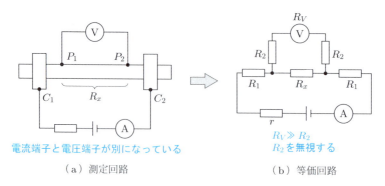

(a) 測定回路　　(b) 等価回路

図5.4　電圧降下法による低抵抗測定

5.2.2 ケルビンダブルブリッジ法

ケルビンダブルブリッジ（Kelvin double bridge）は，ブリッジを二重とし，導線の影響や接触抵抗の影響をなくした低抵抗用の測定法である．図 5.5 において，r を接続部の導線抵抗や接触抵抗の和とする．P，Q，p，q を調整して，検流計 G に電流が流れなくなったとき，ブリッジの平衡条件は次式となる．

$$R_x = \frac{Q}{P} R_s + \frac{r}{r+p+q}\left(\frac{Q}{P}p - q\right) \tag{5.3}$$

ここで，$Q/P = q/p$ が成り立つように，P，Q，p，q は連動して可変できる構造となっているので，式 (5.3) の第 2 項は消去され，R_x は次式となる．

$$R_x = \frac{Q}{P} R_s \tag{5.4}$$

ケルビンダブルブリッジは $10^{-4}\,\Omega$ 程度までの低抵抗が測定可能で，接触抵抗や導線の抵抗率などの測定に適している．

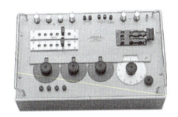

ダブルブリッジ
(写真提供：横河計測株式会社)

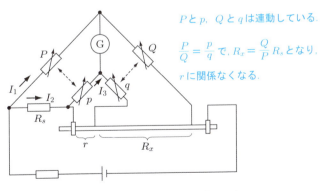

図 5.5　ケルビンダブルブリッジ

5.3 高抵抗の測定

高抵抗測定では，十分な感度を得るために測定用電源電圧を高くする．数 $100\,\mathrm{k\Omega}$ 以上の高抵抗は，測定対象物以外を流れる漏えい電流も無視できず，回路に工夫が必要である．

5.3.1 板状絶縁物の抵抗測定

板状絶縁物の体積抵抗率の測定回路を図 5.6 に示す．電極 P_1，P_2 以外に，リング状の電極 P_3 を設け，絶縁物の表面を流れる電流を検流計に流さないようにする．電圧降下法（5.1.1 項）により求めた抵抗を X とすると，体積抵抗率 ρ_0 は次式となる．

$$\rho_0 = \frac{\pi D^2}{4t} X \tag{5.5}$$

ただし，D，t は試料の直径と厚さである．

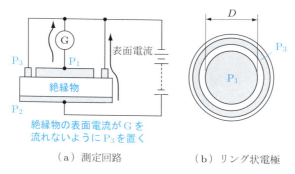

（a）測定回路　　　（b）リング状電極

図 5.6　板状絶縁物の抵抗測定

5.3.2 絶縁抵抗計

電気機器や設備の絶縁抵抗を直読できるように，内部に直流高電圧装置を備えた**絶縁抵抗計**として有名なものに，商品名メガー（megger）がある．直流高電圧電源としては，100，250，500，1000，2000 V などがあり，直流発電機を手動で回転させる．最近は電池（6〜12 V）の電圧を DC-AC 変換し，昇圧，整流して直流高電圧を発生させるものもある．原理と具体的な使用例を図 5.7 に示す．端子 G は，漏れ電流を高感度電流計 A に流さないためのものである．この測定回路は ＋ 側を接地し測定しているが，実際の系統内では十分な安全性を考慮して接地の極性は決められたり，あるいは中性線を設けたりしている．

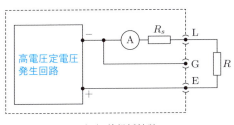
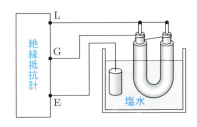

(a) 絶縁抵抗計　　　　　　　（b) 絶縁抵抗計によるガード電極の使用法

図 5.7　絶縁抵抗計

 特殊抵抗の測定

5.4.1　接地抵抗測定

電気機器には，安全上，接地を必要とするものがある．接地に関する必要事項は「電気設備に関する電気設備技術基準」に定められている．

接地抵抗は，図 5.8 に示すように，電界のほとんどが電極の近くに分布している．したがって，測定に際しては 2 電極をある程度（10〜20 m）離して測定する．測定は電圧降下法（5.1.1 項）かコーラッシュブリッジを用い，電源は分極を防止するために交流を用いる．

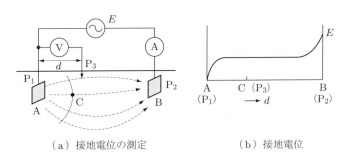

(a) 接地電位の測定　　　　　　（b) 接地電位

図 5.8　接地電位

3 電極による接地抵抗測定は，図 5.9 のように 3 本の電極 A, B, C を用い，それぞれ 2 極間の抵抗値を測定する．測定値を r_a, r_b, r_c とし，接地抵抗を R_x, R_1, R_2 とすると，

$$\left.\begin{array}{l} r_a = R_x + R_1 \\ r_b = R_1 + R_2 \\ r_c = R_x + R_2 \end{array}\right\}$$

となる．よって，R_x は次式となる．

68　第5章　抵抗・インピーダンスの測定

接地抵抗計
(写真提供：横河計測株式会社)

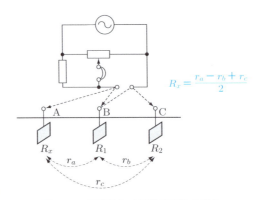

図 5.9　3電極法による接地抵抗の測定

$$R_x = \frac{r_a - r_b + r_c}{2} \tag{5.6}$$

5.4.2　電解液の抵抗値（導電率）の測定

　液体の抵抗値（導電率）は温度，濃度に依存するので，試料を目的の状態で測定する．電源は，特殊な場合を除いて，分極を防ぐために交流を使用し，図 5.10 に示すように**コーラッシュブリッジ**を使用して測定する．周波数 400～1000 Hz の可聴周波数では，検出器としてイヤホンを使用する．このときの抵抗値 R_x は次式となる．

$$R_x = \frac{l_1}{l_2} R \tag{5.7}$$

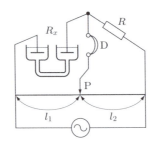

図 5.10　コーラッシュブリッジによる電解液の抵抗測定

5.4.3　半導体抵抗値の測定

　半導体板の抵抗を簡単に測定する方法を，図 5.11 に示す．試料に 4 本の針を一直線上に立て，2 本を電圧端子，2 本を電流端子とする．電圧を V，電流を I，電極間隔を L とすると，抵抗率 ρ は次式となる．

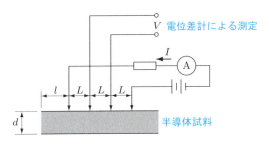

図 5.11　4 端子による半導体抵抗率の測定

$$\rho = 2\pi L \frac{V}{I} \tag{5.8}$$

ここで，$d \ll 3L$，$l \gg 2L$ として，端の効果，厚さの効果を無視できる大きさとする．半導体は温度により抵抗値が変化するため，電流値は小さくする．

5.5　インピーダンスの測定

インピーダンス測定は最近は電子計器による測定が一般的であるが，以前は交流ブリッジや交流電位差計を用いてきた．交流ブリッジによる測定は歴史も古く，これまで非常に多くの種類が考案されている．利用する機会は少なくなったが，制御回路の基礎として重要であるためここに掲載した．

5.5.1　交流ブリッジ

交流ブリッジの平衡条件は，図 5.12 の接続に対し，次式で与えられる．

$$\dot{Z}_1 \dot{Z}_4 = \dot{Z}_2 \dot{Z}_3 \tag{5.9}$$

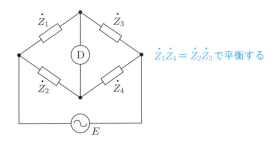

図 5.12　交流ブリッジ

式 (5.9) の両辺は複素数であり，平衡条件は両辺の実部と虚部が等しいことである．実際の測定では，最低二つの素子を調整しながら平衡をとる．一つの素子を調整しても平衡の方向に進まないこともあり，二つの素子を交互に調整しながら平衡をとる．

交流電源は半導体を利用した LC, CR, 水晶発振器が主として使用され，1000 Hz の可聴周波数を使用するものが一般的である．電源は，周波数，位相，波形，振幅が安定し，高調波を含まないものでなければならない．測定の際は，配線を短くするとともに，誘導の影響を少なくするためにシールドし，浮遊容量，インダクタンス，ノイズの影響を軽減しなければならない．

交流ブリッジを分類すると，比例辺ブリッジと積形ブリッジに大別できる．

(1) 比例辺ブリッジ

図 5.13 のように，隣接した辺の位相角が同方向のものを**比例辺ブリッジ**（ratio arm bridge）という．図 (c) のシェーリングブリッジは，損失係数 $D_x = \omega R_2 C_2$ を求めることができる．

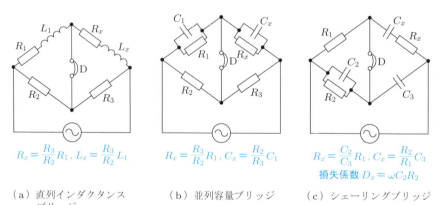

（a）直列インダクタンスブリッジ

（b）並列容量ブリッジ

（c）シェーリングブリッジ

図 5.13 比例辺ブリッジ

(2) 積形ブリッジ

図 5.14 のように，対辺の位相角が同方向のものを**積形ブリッジ**（product bridge）という．マクスウェル（Maxwell）ブリッジは C と L，L と L を比較するものがあるが，ここでは前者を示した．

(3) 相互インダクタンスを用いたブリッジ

図 5.15 は相互インダクタンスを用いたブリッジである．ヘビサイド（Heaviside）ブリッジは測定範囲が広く，キャンベル（Campbell）ブリッジは，M_x, C から周波数が測定できる特徴がある．

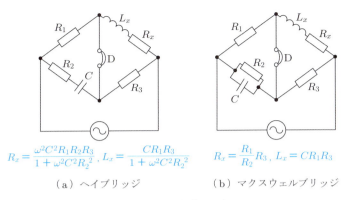

図 5.14 積形ブリッジ

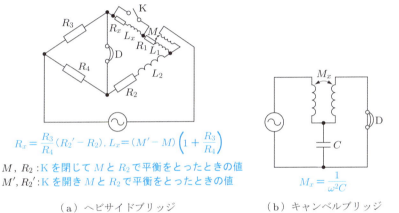

M, R_2：K を閉じて M と R_2 で平衡をとったときの値
M', R_2'：K を開き M と R_2 で平衡をとったときの値

（a）ヘビサイドブリッジ　　　　（b）キャンベルブリッジ

図 5.15　相互インダクタンスを用いたブリッジ

(4) ウィーンブリッジ

図 5.16 はウィーンブリッジ（Wien bridge）である．平衡条件に周波数が入っていることから，特定の周波数に対する特性が要求される回路に使用できる．

(5) 変成器ブリッジ

図 5.17 に**変成器ブリッジ**（transformer bridge）を示す．回路が平衡すると次式が成り立つ．

$$\frac{\dot{Z}_1}{\dot{Z}_2} = \frac{N_1}{N_2} \tag{5.10}$$

N_1, N_2 と一方のインピーダンスを加減して測定する．巻数比の加減には，図 (b) の**ディケードタイプ**の可変比変成器が使用される．

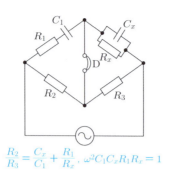

$$\frac{R_2}{R_3} = \frac{C_x}{C_1} + \frac{R_1}{R_x}, \quad \omega^2 C_1 C_x R_1 R_x = 1$$

図 5.16 ウィーンブリッジ

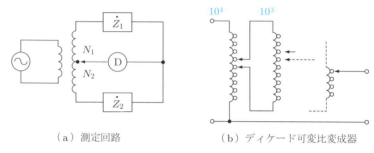

（a）測定回路　　　　　（b）ディケード可変比変成器

図 5.17 変成器ブリッジとディケード可変比変成器

例題 5.4 式 (5.9) で, $\dot{Z}_1 = 90 - j\,20\,\Omega$, $\dot{Z}_2 = 10 - j\,40\,\Omega$, $\dot{Z}_3 = 10 + j\,20\,\Omega$ とする. $\dot{Z}_4$ を求めよ.

解答

$$\dot{Z}_4 = \frac{(10 + j\,20)(10 - j\,40)}{90 - j\,20} = 10\,\Omega$$

例題 5.5 図 5.13 (c) において, $C_2 = 1\,\mu\mathrm{F}$, $C_3 = 0.5\,\mu\mathrm{F}$, $R_1 = 500\,\Omega$, $R_2 = 400\,\Omega$ として, R_x, C_x, $\tan\delta$ を求めよ. ただし, 測定周波数は 1 kHz とする.

解答

$$R_x = \frac{1 \times 10^{-6}}{0.5 \times 10^{-6}} \times 500 = 1\,\mathrm{k\Omega}, \quad C_x = \frac{400}{500} \times 1 = 0.8\,\mu\mathrm{F}$$

$$\tan\delta = 2 \times 3.14 \times 10^3 \times 1 \times 10^{-6} \times 400 = 2.512$$

例題 5.6 図 5.17 の変成器ブリッジで, $\dot{Z}_1 = R_1 + 1/j\omega C_1$, $R_1 = 100\,\Omega$, $C_1 = 30\,\mathrm{pF}$ のとき, $\dot{Z}_2$ の実部を $400\,\Omega$ として $\dot{Z}_2$ の容量を求めよ.

解答

$$\frac{N_1}{N_2} = \frac{R_1}{R_2} = \frac{100}{400} = 0.25, \quad C_x = \frac{1}{0.25} \times 30 = 120 \, \text{pF}$$

5.5.2 ディジタル LCR メータ

LCR メータは，R，L，C，Z，Y が自動的にディジタル量で表示される計器であり，手軽で簡便に測定できる計器である．ディジタル計器については第 7 章にまとめてある．

5.5.3 Q メータ

Q メータは，回路素子を集中定数で扱える周波数（50～100 MHz 程度）のインピーダンスの測定に適する．これ以上の周波数帯では，回路定数を分布定数として取り扱うので，マイクロ波インピーダンス測定として 8.2 節にまとめた．Q メータは次式のようにインピーダンス $\dot{Z} = R + j\omega L + 1/j\omega C$ の Q の値を直読する計器である．

$$Q = \frac{\omega L}{R} = \frac{1}{\omega C R} \tag{5.11}$$

図 5.18 において，1-2 間に測定インピーダンス $\dot{Z}_x = R_x + j\omega L_x$ を接続し，C で共振状態に調整する．このときの電子電圧計 TR が最大値 V_c であるとする．共振状態では，$V_1 = I_2 R_x$ より，Q_x は次式となる．

$$Q_x = \frac{V_c}{V_1} = \frac{1}{\omega C R_x} = \frac{\omega L}{R_x} \tag{5.12}$$

Q メータ
（写真提供：株式会社計測技術研究所）

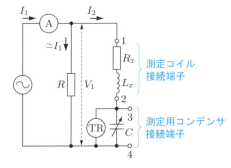

図 5.18　Q メータの原理

V_1 を一定とすると，V_c はそのまま Q の値となる．実際の計器では，$R \ll R_x$ とすると，$I_1 \gg I_2$ より $V_1 \simeq I_1 R$ となり，I_1 を一定にして，V_1 を一定にする．Q メータは元来 C を測定する計器であるが，次の手法で L も測定できる．

(1) L の測定

基準の C と周波数を読み取り，$L_x = 1/\omega^2 C$ としてインダクタンスを求める．

(2) C の測定

適当な L を接続し，C_1 で同調をとる．次に，測定用コンデンサ C_x と並列に C_2 を接続し，同調をとる．次式より C_x を求めることができる．

$$\omega^2 L C_1 = \omega^2 L(C_2 + C_x) = 1$$
$$\therefore\ C_x = C_1 - C_2$$

演習問題

5.1 図 5.1 (b) の回路で 2 台の電流計を取り替えながら，二つの抵抗を測定した．定格 5 A，内部抵抗 0.01 Ω の電流計と，定格 50 mA，内部抵抗 0.1 Ω の電流計の指示値は，それぞれ 4 A，48 mA であった．それぞれの抵抗値を求めよ．ただし，電圧計の内部抵抗 5 kΩ とし，いずれの場合も電圧計は 40 V を指示していたとする．

5.2 問図 5.1 の直流回路で端子 ab 間に 100 Ω の抵抗を接続したところ，抵抗に 0.8 A の電流が流れた．別の抵抗 200 Ω を接続したところ，0.48 A の電流が流れた．端子 ab 間の開放電圧はいくらか．また，50 Ω の抵抗を接続すると何 A の電流が流れるか．

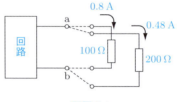

問図 5.1

5.3 問図 5.2 に示すホイートストンブリッジで，次の (1)，(2) のようにほぼ平衡がとれているとき，検流計 G に流れる電流 i_g を求めよ．ただし，$r_g = 100\,\Omega$，$E = 10\,\text{V}$ とする．

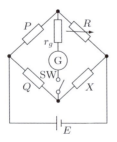

問図 5.2

- (1) $R = P = Q = 100\,\Omega$, $X = 100.1\,\Omega$
- (2) $P = 100\,\Omega$, $Q = 1000\,\Omega$, $R = 10\,\Omega$, $X = 100.1\,\Omega$

5.4 低抵抗を直流で測定するときには直流電源の極性を反転して測定し, 測定値を平均する. その理由を考察せよ.

5.5 十分離れた3点A, B, Cの接地抵抗を測定したところ, AB間, BC間, CA間の接地抵抗が, それぞれ $3.48\,\Omega$, $3.69\,\Omega$, $3.21\,\Omega$ であった. A, B, Cの接地抵抗を求めよ.

5.6 回路素子の特性を電圧降下法で求めたところ, 問図5.3(a), (b)の特性を得た. この二つの素子を図(c)のように直列にして500Vの電源に接続したとき, それぞれにかかる電圧 V_A, V_B と電流 I を作図で求めよ.

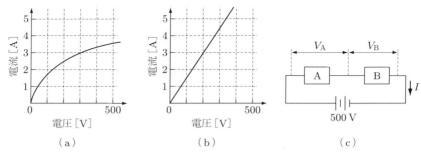

問図5.3

5.7 問図5.4の各ブリッジの平衡条件を求めよ.

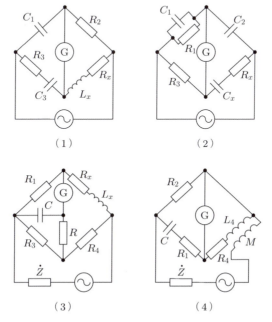

問図5.4

5.8 問図 5.5 で，スイッチ SW を閉じたときと開いたとき，それぞれ同調をとり Q とコンデンサの容量を求めたところ，Q_1, C_1, Q_2, C_2 であった．試料のリアクタンスと抵抗値を求めよ．ただし，測定角周波数を ω とする．

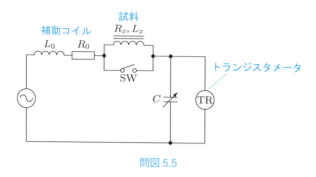

問図 5.5

第6章 磁界・時間の測定

この章では，第3章，第4章で説明した電気量以外の，磁界，時間などの測定法について説明する．

6.1 磁束・磁界の測定

6.1.1 磁針による磁界測定

地磁気が一定値を示すことを利用した測定方法である．空間にある磁針は，周りの磁界の方向を指し示すことより，地球磁界に測定磁界を加えると，磁針は二つの合成磁界の方向を向く．地磁気の水平分力（3×10^{-5} T）を B_0，測定磁界を B_x とすると， 6.1 より次式となる．

$$B_x = B_0 \tan \theta \tag{6.1}$$

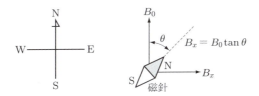

図 6.1　地球磁界を利用した磁界の測定

磁界中で小磁針を振動させることでも磁界測定ができる．磁気能率 M，慣性能率 I，磁界を B としたとき，周期 T は次式となる．

$$T = 2\pi \sqrt{\frac{I}{MB}} \tag{6.2}$$

二つの磁界 B_1 と B_2 中での周期をそれぞれ T_1，T_2 とすると，次式となり，一方の磁界を知ると他方の磁界が測定できる．

$$B_2 = \left(\frac{T_1}{T_2}\right)^2 B_1 \tag{6.3}$$

この原理を使った**磁力計**（magnetometer）では，10^{-12} T の感度がある．

例題 6.1 5×10^{-3} T の磁界中で磁針を振動させたところ，周期が 0.8 s だった．同じ磁針を他の磁界中で振動させたところ，1.2 s だった．磁界を求めよ．

解答
二つの B_1, B_2 中での周期を T_1, T_2 とすると $B_2 = B_1(T_1/T_2)^2$ となる．
$$\therefore B = 5 \times 10^{-3} \left(\frac{0.8}{1.2}\right)^2 = 2.22 \times 10^{-3} \text{ T}$$

6.1.2 サーチコイルを利用する磁束測定

図 6.2 に示すように，**サーチコイル**（search coil）を磁界中におき，コイルを急激に磁界の外に取り出すか，90°回転させると，コイル中にインパルス状の電圧が誘起する．この衝撃電流を**衝撃検流計**（ballistic galvanometer）によって測定する．サーチコイルの巻数を N，コイルを通過した全電荷量を Q，回路の抵抗を R，磁束を Φ とすると，次式が成り立つ．

$$\Phi = \frac{R}{N} \int i \, dt = \frac{R}{N} Q \tag{6.4}$$

衝撃検流計の最大振れ角 $\theta_{\max}$ は，通過した電荷量 Q に比例するので，衝撃検流計で磁束が測定できる（演習問題 6.2 参照）．

$$\Phi = \frac{R}{N} Q = k \frac{R}{N} \theta_{\max} \tag{6.5}$$

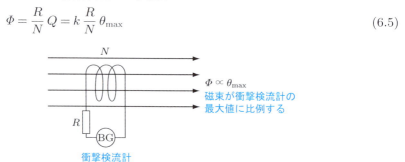

図 6.2 サーチコイルによる磁束の測定

6.1.3 ホール素子による磁界測定

半導体の薄板を磁界中におき，半導体に電流を流すと，電荷は力を受けて電圧を誘起する．これを**ホール効果**という．図 6.3 のように，x 方向の電流を I_x，y 方向の磁界を B_y とすると，z 方向に次式で示す電圧が誘起される．ここで，d は素子の厚さ，R は**ホール定数**である．

$$E_z = R \frac{B_y}{d} I_x \tag{6.6}$$

E_z が B_y に比例することを利用し，磁界を測定する．ホール素子は，代表的な磁界セ

ンサで，次の特徴をもつ．
　①構造が単純で可動部がないので堅牢である．
　②センサが小型であるので局部の磁界測定ができる．
　③I_xを交流にすると，増幅器の利得やドリフト低減の点で有利である．
　④ごみやほこりの多い悪環境での測定に耐える．
　E_zを誘起する一方，I_xも磁界により変化する．この効果を**磁気抵抗効果**といい，電流の変化で磁界測定ができる．抵抗値の変化は，磁界が弱いときは1次，強いときは2次特性となる．

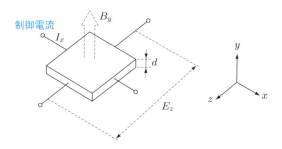

図 6.3　ホール素子による磁界の測定

6.1.4　核磁気共鳴による磁界の測定

　磁気モーメントをもつ原子核に磁界を加えると，原子核は磁界方向を軸としてラーモア（Larmor）の歳差運動をする．また，磁界と直角方向に高周波磁界を加えると共鳴して吸収する．この現象を**核磁気共鳴**（nuclear magnetic resonance, NMR）という．共鳴周波数 f_r は磁界 B に比例する．ここで，γ は**ジャイロ磁気比**である．

$$f_r = \frac{\gamma}{2\pi} B \tag{6.7}$$

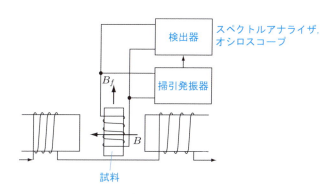

図 6.4　核磁気共鳴装置の概略図

γ は物理定数から決定され，周波数は高い精度で測定できるので，高精度の磁界測定ができる．図 6.4 に測定系を示す．試料にプロトンを用いた場合は $0.03 \sim 0.8\,\mathrm{Wb/m^2}$，リチウムを用いた場合は $0.2 \sim 2\,\mathrm{Wb/m^2}$ が $1 \sim 30\,\mathrm{MHz}$ に相当し，$10^{-5} \sim 10^{-8}$ と非常に高い精度である．

6.1.5 磁気変調器

磁気変調器（magnetic modulator, magnetogate）を利用すると，高感度の磁気測定が可能である．図 6.5 (a) に示すように，2 本の腕 A，B があり，1 次巻線は逆相に，2 次巻線は同相に巻いてある．図 (b) からわかるように，外部磁界 H の有無により，2 次巻線の起電力に差が生じる．2 次巻線の電圧は 2 倍の周波数となり，選択レベル計（10.2.1 項）を使用すると $10^{-3}\,\mathrm{A/m}$ の精度が実現できる．

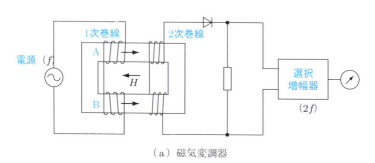

（a）磁気変調器

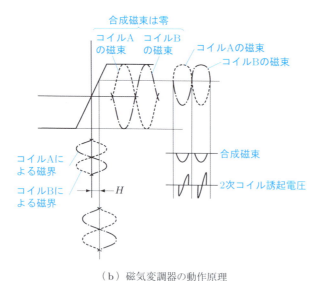

（b）磁気変調器の動作原理

図 6.5　磁気変調器

6.2 磁化特性と鉄損

磁性材料の**磁化特性**には，直流による直流磁化特性と，交流による交流磁化特性がある．前者は磁化曲線や比透磁率を求めるときに，後者はヒステリシスなど動的特性を求めるときに必要である．ここでは，電力計による**鉄損**の測定法について述べる．

6.2.1 直流磁化特性の測定

図 6.6 は，**直流磁化特性**（B-H 曲線）を測定する回路である．1 次，2 次巻線数を N_1，N_2，平均磁路長を l，磁路断面積を S，磁束を Φ，1 次電流を I とすると，磁束密度 B，磁界 H は次式のようになる．

$$\left. \begin{array}{l} H = \dfrac{N_1 I}{l} \\ B = \dfrac{\Phi}{S} \end{array} \right\} \tag{6.8}$$

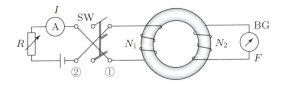

図 6.6 直流による磁化特性測定図

磁界 H は式 (6.8) から計算し，磁束密度 B は衝撃検流計（6.1.2 項）と式 (6.8) より求める．図 6.6 において，スイッチ SW を①側から②側に瞬時に切り替え，そのときの衝撃検流計の値 F より次式で計算する．

$$\Phi = \frac{F}{2N_2} \tag{6.9}$$

電流値を逐次変えて，B-H 曲線を求める．精度を高くするには，残留磁気を消去してヒステリシスの影響を小さくし，漏れ磁束を少なくし，巻線を一様にすることが大切である．

6.2.2 交流磁化特性の測定

電源に交流を使用すると，動的磁化特性を求めることができる．図 6.7 のように自動測定系を構成して測定する．オシロスコープの水平軸に 1 次電流に比例した電圧 V_1 を入力し，垂直軸には 2 次電流を積分回路を通して入力する．磁路長を l とすると，磁界は次式となる．

$$H = \frac{V_1 N_1}{R_1 l} \tag{6.10}$$

ここで，N_1 はコイルの 1 次巻線数，R_1 は直列抵抗である．オシロスコープへの入力電圧を V_2 とすると，$R_2 \gg 1/\omega C$ のとき，次式となる．

$$V_2 = \frac{1}{C}\int \frac{V}{R_2} dt = \frac{N_2 S}{CR_2}\int \frac{dB}{dt} dt = \frac{N_2 S}{CR_2} B \tag{6.11}$$

ここで，C，R_2 は積分器の回路定数であり，S は磁路断面積である．式 (6.11) より，磁束密度 B は次式となる．

$$B = \frac{CR_2}{N_2 S} V_2 \tag{6.12}$$

積分器の精度を高くするためには，$\omega CR_2 \gg 1$ でなければならない．この条件を満足する積分器としては，演算増幅器を用いたものがよい．

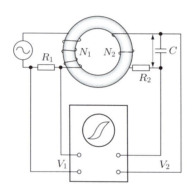

図 6.7　自動磁化特性測定図

6.2.3　鉄損の測定

商用周波数に対する**鉄損**の測定法は，JIS C2550 で**エプスタイン法**（Epstein method）が指定されている．無線周波数に対しては，交流ブリッジによる測定が一般的である．

(1)　エプスタイン法

エプスタイン法は，4 本の短冊状の試料を，図 6.8 (a) のようにいげた状に組み，図 (b) の接続図で鉄損を測定する方法である．1 辺が $50 \times 3\,\mathrm{cm}$ の 50 kg 用と，1 辺が $25 \times 3\,\mathrm{cm}$ の 25 kg 用とがある．2 次誘起電圧は，無損失であれば 1 次電圧より 90° 遅れるが，鉄損があると $90° + \theta$ 遅れる．電力計の指示値 P は，次式のように鉄損を表す．

$$P = I_1 V_2 \sin\theta \tag{6.13}$$

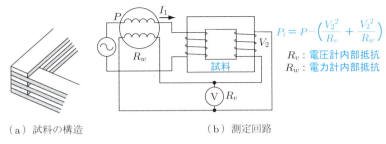

図 6.8　エプスタイン法

電圧計，電力計の内部抵抗 R_v，R_w の損失分を考慮し，式 (6.13) を次式で補正する．

$$P_i = P - V_2^2 \left(\frac{1}{R_v} + \frac{1}{R_w} \right) \tag{6.14}$$

鉄損は，ヒステリシス損とうず電流損に分けられる．ヒステリシス損は周波数の 1 次に，うず電流損は 2 次に比例する．二つの周波数で測定すると，これらの損失を分離できる（演習問題 6.4 参照）．

例題 6.2 図 6.8 において，$V_2 = 100\,\text{V}$，$P = 15\,\text{W}$ を得た．鉄損を求めよ．ただし，$R_v = 8\,\text{k}\Omega$，$R_w = 8\,\text{k}\Omega$ とし，試料は 50 kg とする．

解答

$$P_i = 15 - \left(\frac{100^2}{8 \times 10^3} + \frac{100^2}{8 \times 10^3} \right) = 12.5\,\text{W} \quad \therefore\quad 12.5 \div 50 = 0.25\,\text{W/kg}$$

(2) ブリッジによる鉄損の測定

鉄心にコイルを巻き，交流ブリッジ（5.5.1 項）で，実効抵抗とインダクタンスを求め，鉄損と実効透磁率を計算する．実効抵抗を R_x，インダクタンスを L_x，コイルの抵抗を R_c とすると，鉄損 P_i，実効透磁率 μ_x は次式となる．

$$P_i = (R_x - R_c) I^2 \tag{6.15}$$

$$\mu_x = \frac{l L_x}{N^2 S} \tag{6.16}$$

ここで，I，N はコイルの電流と巻数，l，S は試料の磁路長と断面積である．

6.3　周波数・時間の測定

周波数測定は時間の測定と等価であり（$T = 1/f$），電気諸量の中でも，もっとも精度よく測定できる量である．とくに，原子周波数標準器によって校正された水晶発振

器から,標準電波として常時発信されていることも大きな要因である.

測定法は,電気的(機械的)共振,既知周波数との比較,インピーダンスの周波数特性,レーザ・メーザの利用と大別できる.半導体の進歩により,電子式のカウンタが手軽に高精度で測定できるので,電子式(ディジタル式)のものが広く普及している.

6.3.1 周波数標準器

(1) 原子周波数標準器

原子周波数標準は,原子または分子が二つのエネルギー準位 W_1 と W_2 の間を遷移するとき,次式で決定される周波数の電磁波を吸収または放出することを利用する.

$$hf = W_1 - W_2 \tag{6.17}$$

ここで,h はプランクの定数,f は電磁波の周波数である.雰囲気のガス分子や容器の壁,分子間の相互作用が無視できれば,f は W_1,W_2 で正確に決まる.アンモニア,セシウム,ルビジウム,水素なども用いられているが,ここではセシウム原子時計の例について述べる.図6.9のように,炉から放射されたセシウム133の蒸気を,磁場によって超微細準位の異なる二つに分離する.分離されたうち,基底状態の原子に,水晶振動子を基準として9192631770 Hz のマイクロ波を照射し,これにより励起された原子に再び磁場をかけて分離する.このようにして正確な9192631770 Hz のマイクロ波を作り出す.1967年以来,これが国際的に 1 s の定義となっている.誤差は 10^{-15} s 程度とされている.最高精度を実現しているのは 1 次標準の数台に限られており,精度の低いものは 2 次標準器として製作されている.

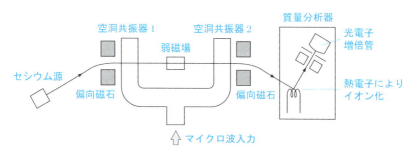

図6.9 セシウム原子周波数標準器

わが国においては,周波数標準を広く利用できるようにするために,(独)情報通信研究機構の電磁波計測研究所が標準電波(標準周波数局,呼び出し符号JJY)を送信している.昔は 2.5〜10 MHz の短波帯で送信されていたが,現在は 10〜200 kHz の長波を用いている.短波は電離層の反射によって伝播距離が伸びたり,周波数が変化するなど,受信状況が変化するのに対し,長波は地表に沿って伝わり,電離層の影響

を受けにくく，到達距離も長いので長波を利用している．また，長波は海面下にも数十mまで届く．

(2) 水晶周波数標準器

現在は，2次標準器として水晶発振器がよく用いられている．図6.10に示すように，100 kHz のものが国際的に採用され，安定化された水晶発振器の出力を分周して所望の周波数を得ている．

シンセサイズド信号発生器
(写真提供：アンリツ株式会社)

図 6.10　水晶周波数標準器（シンセサイザ）

6.3.2　振動片形周波数計

商用周波数用で，図6.11に示すように固有振動数の異なる振動片を並べて，もっとも振動の振幅の大きな振動片から周波数を読み取る計器である．ある周波数で電磁石を励磁すると，その周波数の2倍で振動片は振動する．

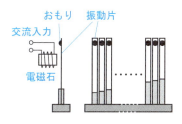

図 6.11　振動片形周波数計

6.3.3 周波数ブリッジ

周波数が平衡条件に入っているものは，すべて周波数ブリッジとして利用できる．ウィーンブリッジ（図 5.16），ヘイブリッジ（図 5.14 (a)）などで，素子のインピーダンスから周波数を計算することができる．

6.3.4 吸収形周波数計

図 6.12 に示すような発振器で，M は発振出力を指示するものであるが，L の部分を受動的な共振回路と結合させると，エネルギーが共振回路に吸収され，M の指示値が低下する（これをディップ（dip）するという）．そのため別名**ディップメータ**（dip meter）ともよばれる．回路の共振周波数を測定するのによく用いられる．

発振を止めて L の部分を測定周波数と結合させると，測定周波数とディップメータの周波数が一致するところでメータの指示が最大となる（これをピップ（pip）するという）．ここで，L と測定回路あるいは発振器の結合は，できる限り疎結合の方が回路の状態を乱さないので正確な測定ができる．

吸収形周波数計

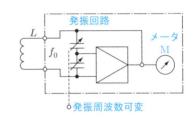
図 6.12 吸収形周波数計（ディップメータ）

6.3.5 リサージュ図形

図 6.13 のように，オシロスコープの x 軸と y 軸にそれぞれ正弦波で未知周波数 f_x，既知周波数 f_y を入力すると，表 6.1 の図形が観測される．これを**リサージュ図形**（Lissajous' figure）という．この図形と既知周波数から未知周波数を知ることができる．

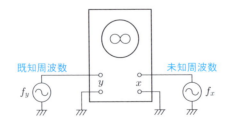
図 6.13 オシロスコープによるリサージュ図形の観測

表6.1 リサージュ図形

位相差	周波数比 $f_x:f_y$				
	1:1.0	1:1.5	1:2.0	1:2.5	1:3.0
0°					
45°					
90°					

6.3.6 ヘテロダイン周波数計

図6.14に示すように，既知の周波数 f_s の局部発振器と未知周波数 f_x を混合し，検波すると，イヤホンからはビート音（うなり）が聞こえる．$f_s = f_x$ で0ビートとなり，音が聞こえなくなる．これをヘテロダイン検波といい，この性質を利用して周波数を測定することができる．

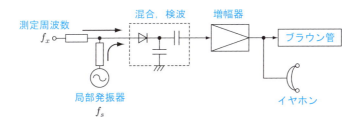

図6.14 ヘテロダイン周波数計

ヘテロダイン検波は感度が高く，数 μW オーダも検出できる．しかし，高調波に対してもビートを生じることから，波形はどちらも正弦波が望ましい．f_s, f_x の間に，次式の関係でビート音が生じる．$n = m = 1$ のときもっとも強いビート音が生じる．

$$nf_x = mf_s \tag{6.18}$$

6.3.7 周波数カウンタ

手軽に正確な測定が可能なことから，ディジタル計測の中で，もっともこの分野が普及している．詳細は7.2.6項にまとめる．

6.4 位相の測定

ここでは，これまで述べてきた方法を応用して，計算で求める方法，ブラウン管上の二つの波形から求める方法，位相計で直読する方法を説明する．

6.4.1 計算で求める方法

(1) 3電圧計法，3電流計法による計算

第4章の式 (4.7), (4.9) より，位相差を計算することができる．

$$3電圧計法： \phi = \cos^{-1} \frac{V_1^2 - V_2^2 - V_3^2}{2V_2 V_3} \tag{6.19}$$

$$3電流計法： \phi = \cos^{-1} \frac{I_1^2 - I_2^2 - I_3^2}{2I_2 I_3} \tag{6.20}$$

(2) 純抵抗の電圧との和と差による計算

図 6.15 に示すように，純抵抗 r に流れる電流と同相の電圧を $\dot{V}_1$，インピーダンス $\dot{Z} = R + jX = Z\angle\phi$ にかかる電圧を $\dot{V}_2$ とする．SW を切り替えて，$\dot{V}_1$ と $\dot{V}_2$ の和 $\dot{V}_+$ と差 $\dot{V}_-$ を求めると次式のようになる．

$$\dot{V}_1 = V_1, \quad \dot{V}_2 = V_2(\cos\phi + j\sin\phi) \tag{6.21}$$

$$|\dot{V}_+| = |\dot{V}_1 + \dot{V}_2| = \sqrt{(V_1 + V_2\cos\phi)^2 + (V_2\sin\phi)^2} \tag{6.22}$$

$$|\dot{V}_-| = |\dot{V}_2 - \dot{V}_1| = \sqrt{(V_2\cos\phi - V_1)^2 + (V_2\sin\phi)^2} \tag{6.23}$$

式 (6.22) と式 (6.23) をそれぞれ 2 乗して，2 式の差より ϕ を求めると次式となる．

$$\phi = \cos^{-1} \frac{|\dot{V}_+|^2 - |\dot{V}_-|^2}{4V_1 V_2} \tag{6.24}$$

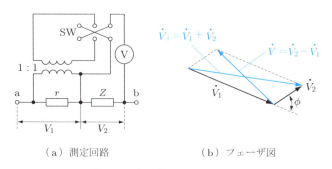

（a）測定回路　　　（b）フェーザ図

図 6.15　和と差による位相測定

6.4.2 オシロスコープを使用する方法

(1) 2現象オシロスコープの使用

2現象オシロスコープを使用し，波形を比較すれば，簡単に位相差を求めることができる．

図 6.16 (a) に示すように，A，B にそれぞれ波形を入力する．図 (b) より，位相差は次式となる．

$$\theta = 360\,\frac{t}{T}\ [°] = 2\pi\,\frac{t}{T}\ [\text{rad}] \tag{6.25}$$

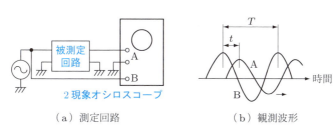

（a）測定回路　　　　（b）観測波形

図 6.16　2現象オシロスコープによる位相差測定回路

(2) リサージュ図形の使用

リサージュ図形（6.3.5項）を利用し，位相差を求めることができる．図 6.17 (a) に示すように，水平軸 x，垂直軸 y にそれぞれ波形を入力すると，次式が成り立つ．

$$x = V_1 \sin \omega t$$
$$y = V_2 \sin(\omega t + \phi) \tag{6.26}$$
$$\frac{x^2}{V_1{}^2} + \frac{y^2}{V_2{}^2} - \frac{2xy}{V_1 V_2}\cos\phi = \sin^2\phi \tag{6.27}$$

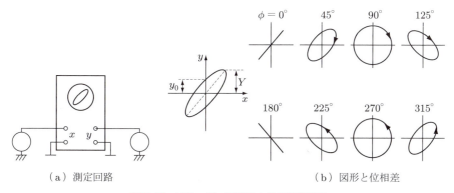

（a）測定回路　　　　　　　　　（b）図形と位相差

図 6.17　リサージュ図形による位相差測定

式 (6.27) より，$x = 0$ のとき $y = y_0$ とすると，次式が得られる．
$$\phi = \sin^{-1} \frac{y_0}{V_2} = \sin^{-1} \frac{y_0}{Y} \tag{6.28}$$
図 (b) に代表的な図形と位相差を示す．

6.4.3 電子位相計

二つの同じ周波数の正弦波 v_1，v_2 に位相差 ϕ があるとき，v_1 と v_2 をそれぞれ方形波に変換すると，その差 $v_1' - v_2'$ のパルス幅が位相差となる．その平均値をメータで指示する．原理を図 6.18 に示す．

位相計
（写真提供：株式会社計測技術研究所）

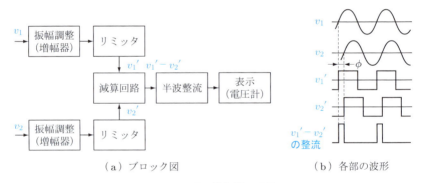

（a）ブロック図　　　　　　　　（b）各部の波形

図 6.18　電子位相計の原理

演習問題

6.1 磁界中で小磁針を振動させたとき，周期が式 (6.2) となることを証明せよ．磁気能率 M，慣性能率 I，磁界 B とする．

6.2 衝撃検流計は可動部の慣性を大きくし，制御力を小さくした検流計である．慣性モーメントを J，駆動トルクの係数を G とすると，運動方程式は次式となる．
$$J \frac{d^2\theta}{dt^2} = Gi$$
ここで，i は検流計に流れた電流である．インパルス状に t 秒間流れたとすると，最大

振れ角 θ_{max} を求めよ．ただし，制御係数を τ とし，制動係数は無視する．

6.3 核磁気共鳴はどのようなことに利用されているか．

6.4 ヒステリシス損 W_h，うず電流損 W_e は，次式のようにそれぞれ周波数 f の 1 次，2 次に比例する．f_1，f_2 のときの鉄損を W_1，W_2 とする．k_1，k_2 を求めよ．

$$W_h = k_1 f, \quad W_e = k_2 f^2$$

6.5 標準信号発生器の出力レベルを 40 dB とする．公称インピーダンス 50 Ω とし，50 Ω の負荷を接続したとき，端子電圧を dBm で表せ．ここで，信号発生器などの出力表示は 1 μV を 0 dB としている．また，dBm とは，公称インピーダンスと等しい負荷抵抗を接続したとき，負荷抵抗で 1 mW の電力を消費する端子電圧をいう．

6.6 シンクロスコープの垂直軸に $y = A \sin \omega t$ を入力し，水平軸に次の信号を入力したときのリサージュ図形を求めよ．

(1) $x = A \cos \omega t$ (2) $x = A \cos 2\omega t$ (3) $x = A \sin \left(\omega t + \dfrac{\pi}{6} \right)$

第7章 ディジタル計器

ICをはじめとする電子周辺技術の急速な進歩により，電気・電子計測におけるディジタル計器の占める割合が大きくなってきた．

アナログ計測に比べてディジタル計測には，次のような特徴がある．
　①ディジタル表示であるため，読み取りの個人差がない．
　②データ伝送や演算処理に適し，雑音に強い．
　③大量生産に適しているため，コストダウンが可能である．
　④センサ部の交換により各種の測定が可能である．

ディジタル計測は対雑音，演算処理，記録，コスト，システム化などと有利な点が多く，今後，ますます発展していくことは確実である．この章ではディジタル計器全般について説明する．

7.1　A-D 変換の基礎

アナログ量からディジタル量に変換する操作を A-D 変換（analog to digital conversion）という．A-D 変換の各ステップを図 7.1 に示す．

図 7.1　A-D 変換のステップ

7.1.1　標本化

図 7.2 に示すように，連続するアナログ信号から，不連続にデータを抽出することを**標本化**，または**サンプリング**（sampling）といい，抽出された値を**標本値**（サンプル値）という．

標本をとる間隔を長くすると，標本数が少なく，記録や演算に有利であるが，少なすぎると情報が失われ，再生時に元の波形が再現できなくなる．この目安が次のナイキストの標本化定理である．

ナイキストの標本化定理：
アナログ信号に含まれている最大周波数成分を f_m とすると，$1/(2f_m)$ 以下の周期で標本化すれば，元の信号が復元できる．

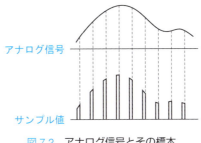

図 7.2 アナログ信号とその標本

7.1.2 量子化

標本化されたデータを，定められたレベルで代表させることを**量子化**（quantization）という．たとえば，図 7.3 (a) で電圧を幅 Δ の区間 $\dots, V_0 \sim V_1, V_1 \sim V_2, \dots$ に区切り，それぞれをレベル $\dots, 1, 2, \dots$ で代表させる．

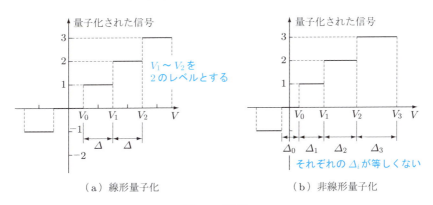

(a) 線形量子化　　　　　(b) 非線形量子化

図 7.3 量子化

各レベルでは最大 $\pm \Delta/2$ の誤差を含むことになる．この誤差を量子化誤差，量子化雑音という．この量子化された値を符号に変換し，記録，演算，伝送，表示などを行う．Δ を小さくすれば量子化雑音は小さくなるが，レベルの数が多くなり，符号の数が多くなる．両方の妥協点から Δ を決定する．Δ を一定間隔にとると，電圧の小さい方で誤差率が大きくなる．図 (b) のように Δ を不等間隔にとれば，誤差率を一定にすることもできる．このように，Δ が不等間隔な量子化を非線形量子化，等間隔な量子化を線形量子化という．

7.2 各種のディジタル計器

7.2.1 ディジタル電圧計

ディジタル電圧計（digital voltmeter）の基本的構成図を図 7.4 に示す．A-D 変換器への入力は，1 V 程度の直流電圧に変換されている．基本的には直流電圧の測定に限定されるが，直流電圧以外に，直流電流，交流電圧，交流電流，抵抗測定ができるディジタルマルチメータとして市販されている．電気量以外に，温度，気圧，偏位，回転角，応力などの各種物理量，pH，濃度などの化学量を，**前置変換器**（transduser）により電圧に変換し，ディジタル測定できる各種の測定器が市販されている．

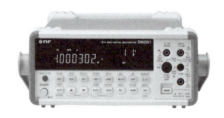

ディジタルマルチメータ
（写真提供：株式会社エヌエフ回路設計ブロック）

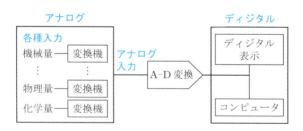

図 7.4　ディジタル計器の基本構成

7.2.2　ディジタル LCR メータ

LCR メータは，R, L, C, Z, Y が自動的に計測され，ディジタル量で表示される計器である．そのブロックダイヤグラムを図 7.5 に示す．e_1 は基準電圧であり，e_2 は電流検出器からの信号で，振幅，位相が制御できる電源である．基準抵抗に流れる電流 i_R と，未知アドミタンスに流れる電流 i_x が等しいときに平衡する．平衡したとき，未知アドミタンス $G_x + jC_x$ と基準抵抗値 R には，次の関係が成り立つ．

$$\left. \begin{array}{l} i_x = i_R = e_1(G_x + jC_x) \\ e_2 = i_R R \end{array} \right\} \tag{7.1}$$

LCR メータ
(写真提供:株式会社エヌエフ回路設計ブロック)

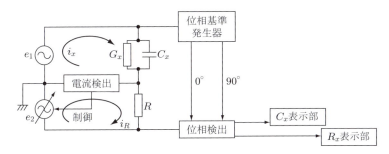

図 7.5　ディジタル LCR インピーダンスメータ

式 (7.1) より，e_2 の実部，虚部は次式となり，e_2 を e_1 で位相検出して G_x, C_x を求める．

$$\left.\begin{array}{l}\mathrm{Re}[e_2] = e_1 R G_x \\ \mathrm{Im}[e_2] = e_1 R C_x\end{array}\right\} \tag{7.2}$$

7.2.3　ディジタル電力計

ディジタル電力計のブロック図を図 7.6 に示す．半導体が安価になり，アナログ回路に比べて乗算の精度が高いディジタル電力計の比重が高くなってきている．

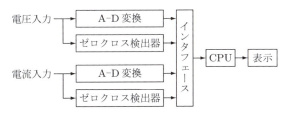

図 7.6　ディジタル電力計のブロック図

7.2.4　時分割乗算器による直流電力計

アナログ技術とディジタル技術の中間的な存在として，パルス変調を利用した乗算器がある．そのブロック図を図7.7に示す．一方の信号をパルス幅変調（10.4.2項(1)）された信号でオン，オフすると，出力の積分量は二つの信号の積になる．

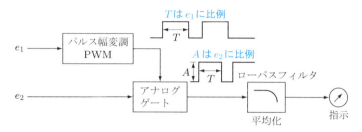

図7.7　時分割乗算器による直流電力の測定

7.2.5　電子式位相計

位相差，力率を電子式に測定する三つの具体例をブロック図で示す．

(1)　方形波による方式

図7.8に示すように，電流・電圧からの信号を同じ振幅にした後，方形波に変換し，位相反転後，論理積をとると，出力は位相差に比例する．

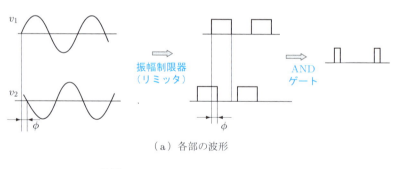

（a）各部の波形

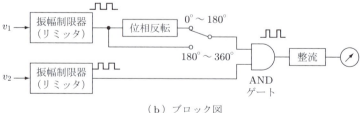

（b）ブロック図

図7.8　電子式位相計

(2) パルス計数器による方式

図 7.9 の二つの波形 v_1, v_2 が基準電圧になったときにパルスを発生させる．二つのパルスをスタートパルス，ストップパルスとし，その間の標準周波数パルス数を計数する．

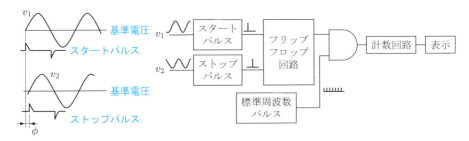

図 7.9　パルス計数器による位相計

(3) 位相検波器と VCO によるディジタル位相計

図 7.10 に示すように，位相検波器と電圧制御発振器（voltage controlled oscillator; VCO）から，位相差（力率）をディジタル表示できる．電圧と同相成分 V_P と 90°成分 V_Q を位相検波器により検出し，$1/\sqrt{1+(V_Q/V_P)^2}$ を計算してディジタル表示する．

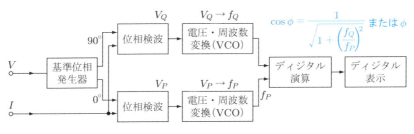

図 7.10　ディジタル位相計のブロック図

7.2.6　エレクトロニックカウンタ

エレクトロニックカウンタ（electronic counter）は，ある基準時間 t_s 内のパルス N をカウントし，次式で周波数 f を求める装置である．

$$f = \frac{N}{t_s} \tag{7.3}$$

当初は精密周波数測定装置として開発され，その後，周期，時間間隔，周波数比などと測定機能を増やしてきた．周波数測定専用器を**周波数カウンタ**（frequency counter），多機能のカウンタを**ユニバーサルカウンタ**（universal counter）とよんでいる．

周波数カウンタの構成図を図 7.11 に示す．基準パルスを分周器で分周し，広範囲の周波数に対応できるようになっている．基準パルスと測定パルスを逆にし，測定パルスを分周することで周期を測定できる．基準パルスが精度に直接影響するので，発振器は水晶振動子を恒温槽で温度管理した発振器が使用されている．校正をした測定器では，10^{-7} 以上の精度が得られる．

エレクトロニックカウンタ
（写真提供：横河計測株式会社）

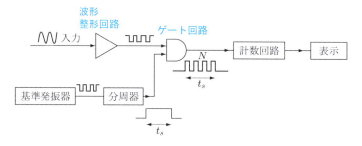

図 7.11　周波数カウンタの構成図

演習問題

7.1　0〜20 kHz の帯域を標本化するとき，標本化の周期を何 s 以下にすれば復元時に元の波形を忠実に再現できるか．

7.2　8 ビット A-D コンバータは，符号として 256 種類の符号を作ることができる．0〜10 V を線形量子化すると，量子化誤差は何 V であるか．

第8章 マイクロ波の測定

マイクロ波領域では波長が短くなり，電流・電圧は波動として取り扱われる．線路は波動伝播に適した同軸ケーブルや導波管が使用される．電流・電圧は進行波と反射波の重畳により決定され，反射波がある場合は位置によってその値が異なり，そのため，インピーダンスが位置の関数となる．測定は電力の測定が大きな意味をもち，反射があるかないか，つまりインピーダンスの整合がとれているかどうかが重要となる．

8.1 マイクロ波伝送の基礎理論

図 8.1 のように，伝送線路の単位長さあたりの直列インピーダンスを $\dot{Z} = R + j\omega L$，並列アドミタンスを $\dot{Y} = G + j\omega C$ とすると，点 x の電圧 $\dot{V}(x)$，電流 $\dot{I}(x)$ は次式のように表される．ただし，x は線路の受端から電源方向への距離とする．また，$\dot{V}_2$，$\dot{I}_2$ は $x=0$（受端）の電圧，電流である．

$$\left. \begin{array}{l} \dot{V}(x) = \dot{V}_2 \cosh \dot{\gamma} x + \dot{Z}_0 \dot{I}_2 \sinh \dot{\gamma} x \\ \dot{I}(x) = \dot{I}_2 \cosh \dot{\gamma} x + \dfrac{\dot{V}_2}{\dot{Z}_0} \sinh \dot{\gamma} x \end{array} \right\} \quad (8.1)$$

特性インピーダンス $\dot{Z}_0$，**伝搬定数** $\dot{\gamma}$ は，R，G が無視できるとき，つまり，無損失のとき ($\alpha = 0$) は次のようになる．

$$\dot{Z}_0 = \sqrt{\dfrac{L}{C}}$$

$$\dot{\gamma} = \alpha + j\beta, \quad \alpha = 0, \quad \beta = \omega\sqrt{LC} = \omega\sqrt{\varepsilon\mu}$$

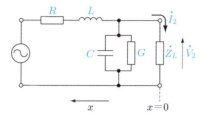

図 8.1　伝送線路

ここで，ε，μ は媒質の誘電率，透磁率である．

$x = 0$ における負荷を $\dot{Z}_L$ とすると，$\dot{V}_2 = \dot{I}_2 \dot{Z}_L$ より，x におけるインピーダンスは次式となる．

$$\dot{Z}(x) = \frac{\dot{V}(x)}{\dot{I}(x)} = \frac{\dot{Z}_L \cos \beta x + j \dot{Z}_0 \sin \beta x}{\cos \beta x + j(\dot{Z}_L/\dot{Z}_0) \sin \beta x}$$

これを特性インピーダンスで規格化すると，次式となる．

$$\dot{z}(x) = \frac{\dot{Z}(x)}{\dot{Z}_0} = \frac{\dot{z}_t + j \tan \beta x}{1 + j \dot{z}_t \tan \beta x} \tag{8.2}$$

ここで，$z_t \equiv Z_L/Z_0$ を **正規化インピーダンス** という．この式は正規化インピーダンスだけを含む式であり，特性インピーダンス，負荷の大きさが異なるものにも適用できる．一方，式 (8.1) を次のように書き換える．

$$\left.\begin{array}{l} \dot{V}(x) = \dfrac{\dot{V}_2}{2}\left(1 + \dfrac{\dot{Z}_0}{\dot{Z}_L}\right)e^{\dot{\gamma}x} + \dfrac{\dot{V}_2}{2}\left(1 - \dfrac{\dot{Z}_0}{\dot{Z}_L}\right)e^{-\dot{\gamma}x} \\[3mm] \dot{I}(x) = \dfrac{1}{\dot{Z}_0}\left\{\dfrac{\dot{V}_2}{2}\left(1 + \dfrac{\dot{Z}_0}{\dot{Z}_L}\right)e^{\dot{\gamma}x} - \dfrac{\dot{V}_2}{2}\left(1 - \dfrac{\dot{Z}_0}{\dot{Z}_L}\right)e^{-\dot{\gamma}x}\right\} \end{array}\right\} \tag{8.3}$$

式 (8.3) の $e^{\dot{\gamma}x}$，$e^{-\dot{\gamma}x}$ の項は，それぞれ x の負の方向，正の方向へ進む波長 $\lambda = 2\pi/\beta$ をもつ波を表す．これらを，それぞれ **前進波**，**後進波** という．ここで，$\alpha = 0$，$\gamma = j\beta$ として，電圧・電流の前進波と後進波の比である **電圧反射係数** $\dot{\Gamma}_v$，**電流反射係数** $\dot{\Gamma}_i$ を求めると次式となる．

$$\dot{\Gamma}_v = \frac{1 - \dot{Z}_0/\dot{Z}_L}{1 + \dot{Z}_0/\dot{Z}_L} e^{-j2\beta x} = \frac{\dot{z}_t - 1}{\dot{z}_t + 1} e^{-j2\beta x} = -\dot{\Gamma}_i \tag{8.4}$$

正規化インピーダンスを $\dot{\Gamma}_v$，$\dot{\Gamma}_i$ で表すと，次式となる．

$$\dot{z}(x) = \frac{1 + \dot{\Gamma}_v(x)}{1 - \dot{\Gamma}_v(x)} \tag{8.5}$$

また，式 (8.3) を $\dot{\Gamma}_v$ で表すと次式となる．

$$\left.\begin{array}{l} \dot{\Gamma}_v(x) = \dot{\Gamma}_{vt} e^{-j2\beta x} \\[2mm] \dot{V}(x) = \dot{V}_1(1 + \dot{\Gamma}_v(x)) \\[2mm] \dot{I}(x) = \dfrac{\dot{V}_1}{Z_0}(1 - \dot{\Gamma}_v(x)) \end{array}\right\} \tag{8.6}$$

ここで，$\dot{\Gamma}_{vt}$ は $x = 0$ における反射係数で，$\dot{V}_1 = (\dot{V}_2/2)(1 + \dot{Z}_0/\dot{Z}_L)$ である．

図 8.2 に示すように，電圧 $\dot{V}(x)$，電流 $\dot{I}(x)$ は $\lambda/4$ ごとに最大値と最小値をくり返す．電圧が最大のところでは電流が最小となり，電圧が最小のところでは電流が最大となる．

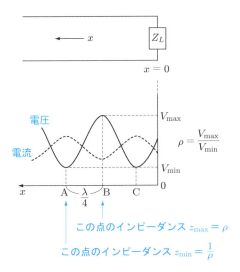

図 8.2 電圧，電流の定在波

電圧，電流の最大値と最小値の比 ρ を，それぞれ**電圧定在波比**（voltage standing wave ratio; VSWR），**電流定在波比**（current standing wave ratio; CSWR）という．電圧の最大値と最小値の位置のインピーダンスは純抵抗であり，それぞれ次式の最大値 $z_{\max}$，最小値 $z_{\min}$ になる．

$$z_{\max} = \frac{1 + |\dot{\Gamma}_{vt}|}{1 - |\dot{\Gamma}_{vt}|} = \rho \tag{8.7}$$

$$z_{\min} = \frac{1}{\rho} \tag{8.8}$$

8.2 インピーダンスの測定

$\dot{z}(x) = r + jx$，$\dot{\Gamma} = U + jV$ とし，$r =$ 一定を z 平面から Γ 平面に図 8.3 のように写像する（演習問題 8.2 参照）．この写像されたチャートを**スミスチャート**（Smith chart）といい，定在波比計とこのチャートでインピーダンスを求めることができる．

図 8.2 の点 A，B が図 8.3 のそれらと対応し，その点ではインピーダンスは純抵抗である．図 8.4 に示す**定在波比計**により，電圧の最小値，最大値から定在波比 ρ を求める．周波数と線路の性質から線路内の波長を求めて，給電点あるいは負荷のインピーダンスを求める．無損失のときは，Γ は原点 O を中心とした円の上を動き，$\lambda/2$ で一周する．

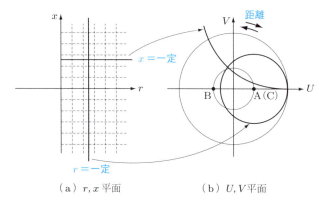

(a) r, x 平面　　　(b) U, V 平面

図 8.3　インピーダンス図とスミスチャート

定在波比計
（写真提供：島田理化工業株式会社）

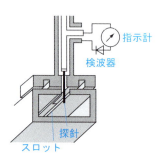

図 8.4　定在波比計

8.3　マイクロ波電力の測定

　マイクロ波電力の測定は，電力を熱に変換し，その発熱量を測定するのが一般的である．小電力の測定は，温度上昇による半導体や金属の抵抗変化を利用した**ボロメータ**（bolometer）法が用いられる．大電力の測定には，液体にマイクロ波電力を吸収させ，その温度上昇から電力を測定する**熱量計**（calorimeter）法が用いられる．

　ボロメータ素子としては，サーミスタ（10.3.4 項 (3)）や，バレッタが用いられる．サーミスタは負の抵抗温度係数の性質をもつ．図 8.5 のように，焼結した粒を白金線で支えた構造になっている．バレッタは正の抵抗温度係数の性質をもち，材料は白金薄膜（10.3.4 項 (2)）や白金線が使われる．図 8.6 のように，表皮効果をさけるためにきわめて細い線としてある．サーミスタより感度は劣るが，周囲の温度変化の影響を受けにくい．

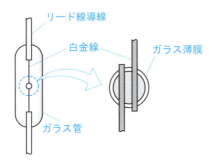

図 8.5　ビード形サーミスタ

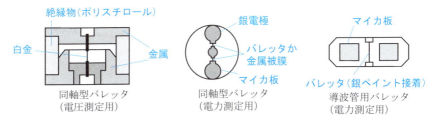

図 8.6　バレッタ

ボロメータは，図 8.7(a) に示すブリッジ回路で測定する．測定手順は次のとおりである．

① マイクロ波を加えずに R_1 で平衡をとる．このときの電流を I_1 とする．
② マイクロ波を加え R_2 で平衡をとる．このときの電流を I_2 とする．
③ マイクロ波電力 P_w は，①と②の測定電力の差であるから，次式で計算する（演習問題 8.3）．

$$P_w = \frac{R_0}{4}(I_1{}^2 - I_2{}^2) \tag{8.9}$$

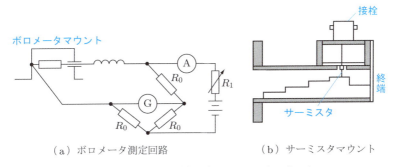

(a) ボロメータ測定回路　　(b) サーミスタマウント

図 8.7　ボロメータ測定回路とサーミスタマウント

図 (b) のように，導波管にサーミスタを取り付けたものを**サーミスタマウント**（thermistor mount）という．末端は，整合をとるために吸収体をステップ状にして終端しているものと，ステップ状に寸法を小さくして，特性インピーダンスを低下させ終端したものがある．

サーミスタマウント
（写真提供：島田理化工業株式会社）

演習問題

8.1 特性インピーダンス $50\,\Omega$ の線路に $150\,\Omega$ の純抵抗を接続した．次の問いに答えよ．線路は無損失とする．
 (1) $x = 0$（負荷の位置）における反射係数を求めよ．
 (2) インピーダンスが最大値と最小値をとる x と，そのときのインピーダンスを求めよ．ただし，線路内波長を $3\,\text{cm}$ とする．
 (3) 反射係数 $\Gamma_v = 0$ はどのような状態か．
 (4) $x = 0$ で解放状態 $(Z_L = 0)$，短絡状態 $(Z_L = \infty)$ のとき，Γ_v はどうなるか．

8.2 $\dot{z} = r + jx$，$\dot{\Gamma}_v = U + jV$ としたとき，$\dot{z} = (1 + \dot{\Gamma}_v)/(1 - \dot{\Gamma}_v)$ を r だけの式と x だけの式として，$r = $ 一定，$x = $ 一定はどのような図形となるか．

8.3 式 (8.9) を導け．

第9章 波形の観測と記録

この章では，信号の可視化，記録について説明する．近年，可視化装置，記録装置もディジタル化され，複雑な処理，大量データの収録が可能になった．

波形観測装置

9.1.1 ブラウン管オシロスコープ

ブラウン管（Braun tube）は，ドイツのブラウン（Karl Ferdinand Braun）によって考案された**陰極線管**（CRT; cathode ray tube）であり，測定用の**オシロスコープ**のみならず TV やパソコンのディスプレイ装置として利用されてきた．オシロスコープには，シンクロスコープ（商品名），サンプリングオシロスコープ，蓄積形オシロスコープなどがある．

(1) 構造と動作原理

図 9.1 (a) にブラウン管の構造を示す．電子ビーム源の陰極から，ビーム制御装置で偏向し，蛍光面で発光させて信号を表示する．ビーム制御装置は，強度を変える制御グリッド，加速電極，偏向器，焦点調整用電極，コレクタ電極，後段加速電極からなる．蛍光面が電子ビームで刺激されると，**2次電子**により面が負に帯電し，ビーム速度が低下するので，コレクタ電極で 2 次電子を吸収している．偏向方式には，図に示した 2 枚の電極間の電界による**静電偏向**と，CRT 外部からのコイルによる**電磁偏向**があるが，計測用には静電偏向がほとんどである．偏向板の垂直方向に観測用信号電圧，水平方向に**のこぎり波**電圧をかけると，図 (b) のように，その電圧に比例して電子ビームが偏向され，蛍光面に図形を描く（演習問題 9.1 参照）．

図 (c) のように，掃引ごとに同じ場所を電子ビームが刺激すると，波形は一つの静止画像として見える．これを同期（synchronization）という．図 (d) のように，のこぎり波と信号の同期がとれないときは，いくつもの画像が重なり波形が見えにくくなる．信号と波形の周波数の比が整数比となっていれば，静止した波形が観測できる．

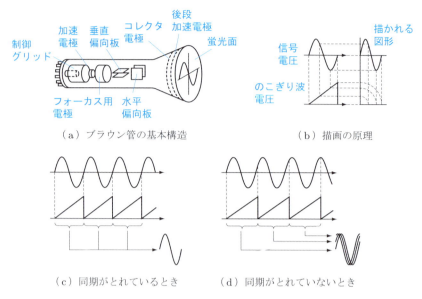

図 9.1 オシロスコープの構成

(2) 同期とシンクロスコープ

図 9.2 に 2 現象シンクロスコープの構成図を示す．シンクロスコープは商品名であったが，同期の不安定さを見事に克服したことから，オシロスコープの代名詞とまでになった．初期のオシロスコープはのこぎり波の周期を調整して同期をとったが，この方式は，入力信号のあるレベルで横軸ののこぎり波用**トリガパルス**を作り，トリガパルスによりのこぎり波をスタートさせる方式である．現在は 2 現象以上のものが多く，数チャンネルをもつものもめずらしくない．測定周波数も年々向上し，400 MHz 以上のものも市販されている．この方式では，周波数が一定でない波形や，拡大波形の観測も可能である．

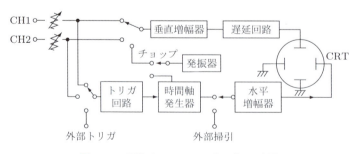

図 9.2 2 現象オシロスコープのブロック図

4チャンネルオシロスコープ
（写真提供：岩崎通信機株式会社）

(3) 入力プローブの倍率

オシロスコープは高感度増幅器を使用しているので，雑音の影響を受けないように，入力線（プローブ）はシールドされている．このシールド線の容量を補償すると，速い現象の波形を忠実に観測できる．図9.3 の回路で $R_1C_1 = R_2C_2$ の条件を満足すると，オシロスコープへの入力値は周波数に無関係になる．このとき，振幅は信号の $1/M$ が表示されるので，表示値を M 倍して信号の振幅を求める（演習問題9.2 参照）．

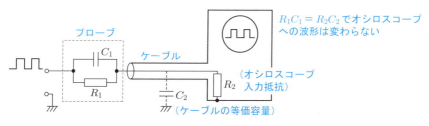

図 9.3　オシロスコープへの入力の回路

9.1.2　ディジタルオシロスコープ

前項では，波形を表示する基本を理解するためアナログオシロスコープを説明したが，産業用，研究用には**ディジタルオシロスコープ**（digital oscilloscope），**ディジタルストレージオシロスコープ**（digital storage oscilloscope; DSO）が使用されている．入力信号を A-D 変換し，処理した後で表示する．表示装置もほとんどが**液晶ディスプレイ**（liquid crystal display; LCD）を使用し，非常に薄型，軽量なものとなっている．

図9.4 に 2 現象ディジタルオシロスコープのブロック図を示す．信号は感度調節用減衰器を通過後，増幅器で適当な大きさに増幅され，A-D 変換器に導かれる．サンプリングクロックでサンプリングされたデータは逐次メモリーに書き込まれ，CPU によりビデオメモリーに書き込まれ表示される．

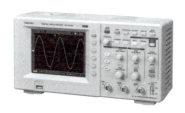

ディジタルオシロスコープ
(写真提供:岩崎通信機株式会社)

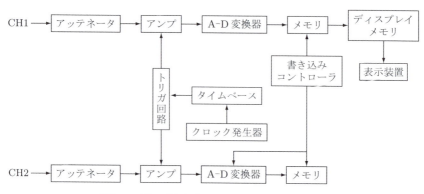

図 9.4　ディジタルオシロスコープのブロック図

ディジタルオシロスコープの長所には,次のような点がある.

① 高速 A-D コンバータ,DSP (digital signal proccessor),高速大容量メモリーの普及により,低価格で,広帯域な信号測定が可能である.

② 単純な波形観測だけでなく,信号解析,通信機能によるデータ転送の機能を備えたものもある.

③ アナログ方式では不可能であった,単発現象を静止させながら観測したり,トリガ以前の現象も観測できる.

④ カラー表示も可能である.

⑤ 周波数スペクトラム,ヒストグラムなど,使用分野ごとのソフトウェアによる信号解析が可能である.

⑥ LCD は外部磁界の影響を受けないので,高電圧などの環境下でも使用できる.

⑦ メモリーを利用していることから,変化の速い現象も,遅いディスプレイデバイスで再現できる.

⑧ サンプリングオシロスコープ (9.1.3 項) として,マイクロ波帯までの利用が可能である.

また,短所としては,次のような点がある.

① サンプリング周波数が低いときには高周波部分を再現できないので（7.1.1 項のナイキストの標本化定理），波形を忠実に再現できない．
② デッドタイムが存在する．波形をデータ化するのに時間がかかり，その間にトリガ条件に合う信号が入力されても信号を取り込まない．
③ 高速メモリー容量に限界があるため，時間軸設定を変更するとサンプルレートが変わる．

9.1.3 サンプリングオシロスコープ

図 9.5 に示すように，1 周期以上後のサンプル値を合成して，高い周波数の波形を観測する装置を**サンプリングオシロスコープ**という．

サンプリングヘッドは，トンネルダイオードなどの高速スイッチング素子を使用している．このシステムを使用すると，GHz 以上のマイクロ波帯の波形も観測できる．

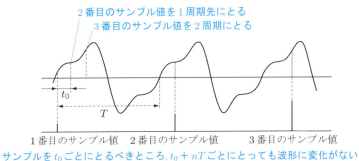

図 9.5　サンプリングオシロスコープの原理図

9.1.4 ロジックスコープ，ロジックアナライザ

複数のチャンネルのディジタル信号をディスプレイ上に表示する装置を，**ロジックスコープ**（logic scope），または**ロジックアナライザ**（logic analyzer）という．ロジックスコープは，ディジタル信号をメモリー内に一度読み込んでからディスプレイ上にステップ状に表示する．ロジックスコープは，信号のタイミングやオンオフ状態を観測するもので，電圧値，電流値を測定する装置ではない．複雑な順序で信号をトリガすることが可能で，テスト環境下のシステムデータを取り入れて表示することができる．中にはコンピュータプログラムの実行の流れを観測できるものもある．ソフトウェアデバッガの役目もし，ハードウェア，ファームウェア開発には欠かせない観測器である．

9.2 スペクトラムアナライザ

スペクトラムアナライザ（spectrum analyzer）は，信号の周波数分析を行う機器である．増幅器や送受信機の周波数特性，回路網の伝搬特性，アンテナからのスプリアスなどの測定には欠かせない装置である．スペクトラムアナライザは大きく分けて，同調掃引式とFFT式の2種類に分類される．

表示上の水平軸が，オシロスコープでは時間軸であるのに対し，スペクトラムアナライザでは周波数軸である．

スペクトラムアナライザ
（写真提供：株式会社アドバンテスト）

9.2.1 同調掃引方式

同調掃引方式は，図 9.6 に示すように受信機のバンドパスフィルタの中心周波数を掃引する方式である．フィルタの中心周波数を掃引するのに，フィルタをスイッチングする方式と，ヘテロダイン受信機と同様に**局部発振器**（local oscillator）の周波数を掃引して，等価的にフィルタを掃引する方式がある．フィルタ方式は，分解能を上げるため多数の狭帯域フィルタが必要となり，高価なシステムになる．ヘテロダイン方式はアナログ時代からの方式である．近年では，検波部以降あるいは IF（中間周波数）以降がディジタル方式となっている．同調掃引方式は次のような特徴をもつ．

①周波数範囲が局部発振器の周波数で決定されるため，GHz オーダまで一度の掃引で観測できる．
②信号レベルも自動的にアンプの利得を調節しているので，ダイナミックレンジを広くとれる．また，対数アンプで対数変換して表示することで，広いダイナミックレンジに対応できる．
③掃引周波数を変化させている間の信号変化には対応できない．

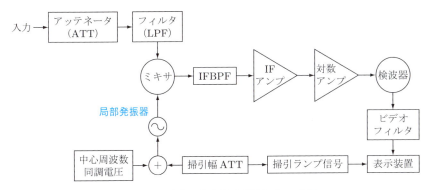

図 9.6　スペクトラムアナライザのブロック図

9.2.2　FFT 方式

図 9.7 に示すように，IF フィルタの出力を A-D 変換した後，**高速フーリエ変換**（fast Fourier transform; FFT）することで，スペクトラムを表示する方式である．FFT 方式は，短い時間で区切られた時間窓からのデータを解析しているので，スペクトラムが時々刻々変化する現象にも対応できる．一方，IF 信号を FFT するので，解析周波数幅は特定の周波数範囲に限られる．

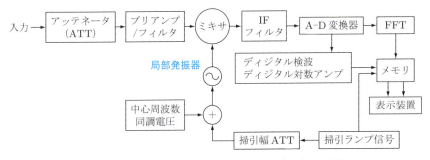

図 9.7　FFT 方式のスペクトラムアナライザのブロック図

9.3　データロガ

データを長期間自動的に記録することは，物理，化学の研究分野，産業，医療など，分野を問わず非常に重要な作業である．

近年の電子技術の進歩により，信号や情報の長期保存，記録する方式も大きく変化し，従来のアナログ形式，とくに機械的要素で構成された部分が電子的要素におきかえられている．今後も一層その傾向は進展していくものと思われる．記録媒体も紙か

ら磁気媒体，光媒体へと変化している．

近年は，マイクロプロセッサ，DSP の発達と半導体素子が廉価になったことから，単体測定器に各種の機能を付加しているものも市販されている．

データロガのブロック図を図 9.8 に示す．データロガの機能は収録と保存だけではなく，解析，表示はもとより，データ転送機能をもつものも少なくない．

データロガ
（写真提供：グラフテック株式会社）

図 9.8　データロガのブロック図

演習問題

9.1　問図 9.1 のように平行板に電圧 V を印加したところに，速度 v，質量 m，電荷 q の荷電粒子が入射した．平行板の長さ l，間隔を a とし，平行板から L の距離での偏位 y を求めよ．

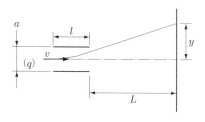

問図 9.1

9.2　図 9.3 の回路で $R_1 C_1 = R_2 C_2$ の条件を満足すると，オシロスコープでの入力値が周波数には無関係になることを示せ．

9.3　電子計器の規格に入力抵抗 $10\,\mathrm{M\Omega}$ 以上，$10\,\mathrm{pF}$ 以下と記してあった．$10\,\mathrm{kHz}$ での入力インピーダンスはどの程度と考えればよいか．

第10章 応用計測

この章では,雑音,レベルに関する計測,ひずみ率,トランスデューサについて説明する.また,10.4節では遠隔測定についても述べる.

10.1 雑音測定

雑音を発生箇所で分類すると,内部雑音と外部雑音に分類される.

① **内部雑音**:

測定する対象内で発生する雑音で,抵抗の熱雑音,電子管や半導体のショット雑音などが代表的な例である.

② **外部雑音**:

測定系の外部から混入する雑音で,人工的な雑音と自然界の自然現象に起因する雑音がある.自動車の点火プラグの雑音やリレー接点の雑音は人工雑音であり,雷,空電などは自然雑音である.

抵抗の熱雑音の2乗平均電圧 $\overline{v_n^2}$ と,整合をとった場合に抵抗から取り出しうる**最大雑音電力**(**有能雑音電力**)$N_{\max}$ は,次式となる.

$$\overline{v_n^2} = 4kTRB \tag{10.1}$$

$$N_{\max} = \frac{\overline{v_n^2}}{4R} = kTB \tag{10.2}$$

ここで,k,T,R,B はそれぞれ,ボルツマン定数,温度 [K],抵抗値,帯域幅である.雑音の測定は対象により評価方法が異なる.

10.1.1 雑音指数

増幅器の雑音を表す指標として**雑音指数**(noise figure)F がある.入力の SN 比と出力の SN 比の比で表す.SN 比とは信号と雑音の電力の比であり,入力における信号および雑音の有能電力を S_1,N_1,出力のそれらを S_2,N_2 とすると,$S_2 = GS_1$ より,F は次式で定義される.

$$F = \frac{S_1/N_1}{S_2/N_2} = \frac{N_2}{GN_1} \tag{10.3}$$

114 第 10 章 応用計測

ここで，G は増幅器の利得である．式 (10.3) を変形すると，出力雑音 N_2 は次式のように表すことができる．

$$N_2 = FGN_1 = GN_1 + (F-1)GN_1 \tag{10.4}$$

式 (10.4) の右辺第 1 項は，入力雑音が増幅された量であり，第 2 項が内部雑音の量である．内部雑音が 0 のときは $F = 1$ であり，式 (10.4) の第 2 項は 0 となる．

10.1.2　Y 係数法

図 10.1 に示す接続図で，雑音発生器がオフのときとオンのときの出力雑音電力の比を Y 係数といい，これを用いて増幅器の雑音を評価する．オフ時，オン時の雑音電力をそれぞれ N_0，N_1 とすると，Y 係数と F との関係は次式となる（演習問題 10.1 参照）．

$$\left.\begin{array}{l} Y = \dfrac{N_1}{N_0} = 1 + \dfrac{T_1/T_0 - 1}{F} \\[3mm] F = \dfrac{T_1/T_0 - 1}{Y - 1} \end{array}\right\} \tag{10.5}$$

デシベルで表記すると，

$$F_{\mathrm{dB}} = 10 \log\left(\frac{T_1}{T_0} - 1\right) - 10 \log(Y - 1)$$

となる．ここで，T_0，T_1 は雑音発生器をオフ，オンにしたときの等価温度であり，$T_1/T_0 - 1$ を雑音発生器の**過剰雑音比**という．雑音発生器には過剰雑音比が明記されており，500 MHz 程度までは温度制限された 2 極管（過剰雑音比 6 dB 程度）が，それ以上ではガス入り放電管（過剰雑音比 15 dB 程度）が使用される．一般的に T_0 は室温としている．

$$\boxed{\text{雑音発生器}} \rightarrow \boxed{\text{被測定回路}} \rightarrow \boxed{\text{パワーメータ}}$$

$$F_{\mathrm{dB}} = 10 \log\left(\frac{T_1}{T_2} - 1\right) - 10 \log(Y - 1)$$

図 10.1　Y 係数法

10.1.3　2 倍電力法

式 (10.5) において，$N_1 = 2N_0$ とすると，$Y = 2$ となる．図 10.2 において，雑音発生器をオフにし，スイッチを①側に入れ電圧計の指示値を読む．スイッチを②側に入れ，3 dB 減衰器を挿入し，オフのときの電圧計の指示値になるように，可変減衰器を調整する．このとき，減衰器の減衰量を A とすると，雑音指数は次式となる．

図 10.2　2 倍電力法

$$F_{\mathrm{dB}} = 10\log\left(\frac{T_1}{AT_0} - 1\right) \tag{10.6}$$

レベルに関する量，ひずみ率の測定

10.2.1　レベル計

レベル計（level meter）は，回路や伝送系の信号レベルを動作状態で正確に測定する電圧計の一種である．図 10.3 にレベル計のブロック図を示す．入力インピーダンスを線路インピーダンスに整合させ，増幅器が測定精度に影響しないように減衰器でレベルを一定にして，減衰器でレベルを読み取るようにしてある．入力インピーダンスは 50 Ω，75 Ω，600 Ω のものがあり，最小入力レベルは −60 dB 程度である．図の広帯域増幅器のほかに，ヘテロダイン方式で周波数変換し，狭帯域増幅器により特定周波数のみを選択的に測定する**選択レベル計**（selective level meter）は，低いレベルを測定するのに適している．

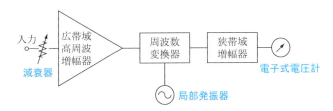

図 10.3　選択レベル計の構成図

以上のレベル計は，減衰器を手動で操作するように構成されているが，減衰器を自動的に操作できるディジタルレベルメータが今後普及していくものと思われる．

10.2.2　電界強度計

電界強度計（field strength meter）は，電磁波の受信強度を測定する装置である．図 10.4 に示すように，基本構成はレベル計と同じであり，一般のラジオ受信機を，高感度，広帯域化，高選択度，高安定度，低雑音に製作したものである．

測定の性質上，屋外で測定できるように小型軽量化し，電池で動作するように製作

電界強度計
(写真提供：協立テクノロジー株式会社)

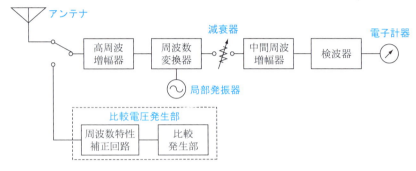

図 10.4　電界強度計のブロック図

されたものもある．

アンテナは無指向性，広帯域で，ゲインが周波数で変化しないものが望ましいが，一般的には，ループアンテナ，ダイポールアンテナを校正しながら使用している．

10.2.3　ひずみ率計

ひずみ率計（distortion meter）は，信号が正弦波形からひずんだ割合を測定する計器である．ひずみ率 D は，基本波と基本波を除いた波の実効値の比で表される．

$$D = \frac{\text{全高調波の実効値}}{\text{基本波の実効値}} = \frac{\sqrt{V_2{}^2 + V_3{}^2 + V_4{}^2 + \cdots}}{V_1} \tag{10.7}$$

信号全体の値から基本波を差し引いた値と，基本波の値の比を ε とすると，

$$\varepsilon = \frac{\sqrt{V_1{}^2 + V_2{}^2 + V_3{}^2 + \cdots} - V_1}{V_1} = (1+D^2)^{1/2} - 1 \tag{10.8}$$

となり，ひずみが小さいときは次式で近似できる．

$$\varepsilon \simeq \frac{D^2}{2} \tag{10.9}$$

図 10.5 にひずみ率計のブロック図を示す．式 (10.8) を使って，V_1 を一定値とし，基本波を除去すると，D が直読できる．ひずみ率計の性能は，基本波除去部のフィル

ひずみ率計
(写真提供：株式会社計測技術研究所)

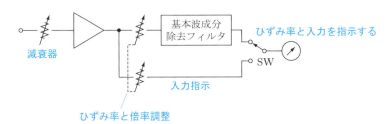

図 10.5　ひずみ率計のブロック図

タ特性や，増幅器のひずみと雑音で決定される．ウィーンブリッジ（5.5.1 項 (4)）を使った RC アクティブフィルタを利用し，100 dB 以上のものが実現されている．

10.3　電気量以外の測定

　電気・電子計測は，物理量・化学量の測定においても急速に発展してきている．従来の測定法と比較して，電気・電子計測は次のような特徴をもつ．
　①応答が早く急激な変化に応答できる．
　②高感度で，測定対象からのエネルギーが小さくても測定できるので，測定環境を乱さない．
　③物理量を電気量に変換することで，増幅，記録の保存が容易である．
　④情報伝送に適しているので，遠隔制御，危険場所の測定，危険物の測定に適している．
　⑤コンピュータとの整合性がよいので，高速演算が可能であり，処理のバリエーションが豊富である．
　⑥制御系との整合性がよい．
　⑦電子回路の IC 化，LSI 化により，コストダウンが可能である．
　⑧機械部分が少ないため，堅牢で，長寿命である．

10.3.1 基本構成

物理量・化学量の測定装置の基本構成を図 10.6 に示す．長さ，流量，力，温度，湿度などの物理量や，pH，濃度などの化学量を，電気量に変換する変換器を**トランスデューサ**（transducer）あるいは**センサ**（sensor）とよぶ．トランスデューサには，1 次変換で圧力や変位に変換してから，2 次変換で電気量に変換するものと，直接電気量に変換するものがある．各種の変換方式とその原理，変換量を示すと表 10.1 となる．センサ全体をブラックボックスとして取り扱うことが多く，測定範囲，精度や感度，直線性，応答時間，使用環境などに注意して使用しなければならない．センサは，精度や直線性を向上させるために，補正・校正用の回路が組み込まれている．

図 10.6　物理量・化学量の測定装置の基本構成

表 10.1　各種の変換方式

変換方式		変換原理	変換量
起電力変換		電磁誘導作用	速度，振動
		熱起電力	温度，湿度，速度，流量，変位，成分
		圧電起電力	力，振動
		光起電力	光，温度，成分，変位，濃度
		ホール起電力	変位，電力，回転，変位
		磁気ひずみ現象	力，変位，振動
		電気化学作用	濃度，変位
インピーダンス変換	R の変化	変位による抵抗変化	変位，角度，流量
		力による導電率変化	力，振動，変位
		熱による導電率変化	温度，湿度，濃度，変位
		光による導電率変化	変位，温度，濃度，成分，速度
		成分による導電率変化	濃度，成分
	L の変化	変位によるインダクタンスの変化	変位，振動，流量，水位
		力による透磁率変化	力
		熱による透磁率変化	温度
		成分による透磁率変化	成分
	C の変化	変位による容量変化	変位，振動，水位
		成分による誘電率変化	成分，湿度
パルス変換		位置パルス変換	変位，距離，欠陥
		速度パルス変換	速度，時限
		時限パルス変換	速度，時限

10.3.2 変位,寸法,長さの計測

長さの計測は,測定範囲と精度により測定法が大きく異なる.インピーダンスの変化に変換するものや,超音波,光の干渉,共振,反射を利用したものがある.

(1) 差動変圧器

差動変圧器は,図 10.7 (a) に示すように,1 次コイルと中間タップのある 2 次コイルから構成されている.図 (b) に差動変圧器の特性を示す.コアが完全に抜かれているときは,互いの誘起起電力が打ち消しあい,2 次コイルに誘起する出力電圧 $E_0 = 0$(最小)となる.$l = 0$ を中心に左右対称の特性を示すが,位相が $180°$ 異なるので,位相検出すると変位方向も検出できる.

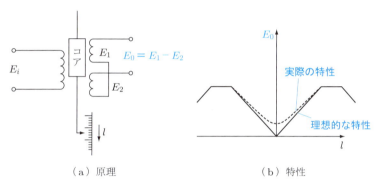

図 10.7 差動変圧器

(2) ポテンショメータ

ポテンショメータは,一般の可変抵抗器より高精度で,堅牢にできている可変抵抗のことである.軸を回転させて,角度変化を抵抗値変化にするものであるが,図 10.8

図 10.8 ポテンショメータ変換機構   図 10.9 光ポテンショメータ

の機構を利用すると，直線運動を回転運動に変換できる．ポテンショメータは巻線形や磁気抵抗素子（6.1.3項），光を使ったものがある．巻線形は摺動形の抵抗器であるから，構造上，ブラシを利用しなければならない欠点がある．磁気抵抗素子や，図 10.9 に示す**光ポテンショメータ**は，無接点，無接触で測定できる利点をもつ．

(3) 電気抵抗厚さ計

図 10.10 に示すように，厚さ Δt の薄膜に 4 本の電極を立て，PQ 間の距離 L と電流 I，電圧 V とすると，次式となる．ここで，ρ は薄膜の抵抗率，K は試料形状や電極配置で決まる定数である．

$$\Delta t = K \frac{I}{V} \rho \tag{10.10}$$

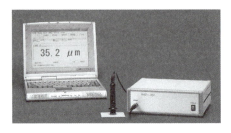

電気抵抗式膜厚計
（写真提供：株式会社電測）

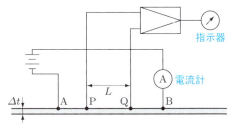

図 10.10　電気抵抗厚さ計

(4) 磁気スケール

視覚的なものさしの目盛のかわりに，非磁性体上に磁性薄膜を塗布し，磁性薄膜に磁気的に目盛を記録したものが**磁気スケール**である．磁気ヘッドが，位置が記録された磁気スケール上を移動しながら信号を読み取って位置を検出する．信号の書き込まれた間隔は 10μm 以下であり，非常に高精度なスケールである．音響用ヘッドが磁束の時間変化を読むのに対し，静磁束を検出する磁気ヘッドとなっている．

10.3.3　力，圧力の計測

力，圧力の測定は，固体，液体，気体のいずれであるかによって測定方法が異なる．圧力，張力を電気抵抗変化に変換後，電圧・電流の変化として測定する方法や，気体の熱伝導率や電離度が圧力に依存する性質を用いる方法がある．

(1) 変位に変換する方法

図 10.11 に，圧力を変位に変換する 3 種類の変換器を示す．図 (a) の**ブルドン管**（Bourdon tube）は，圧力を加えると，管が直線になろうとする性質を利用したものである．図 (b) は，**ベローズ**（bellows, 蛇腹）が内外の圧力差により変化することを利用している．図 (c) の **U 字管式**は，圧力を P_1，P_2，液体の密度を ρ，高さの差を h とすると，次式のように圧力差が高さの差として表されることを利用している．

$$P_1 - P_2 = \rho h \tag{10.11}$$

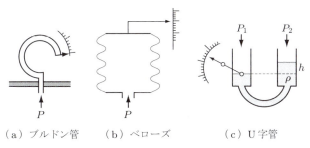

図 10.11　圧力から変位への変換

(2) 抵抗線ひずみ計と圧電変換器

電気抵抗 R は，材料の長さを l，断面積を S，固有抵抗を ρ とすると次式で示される．

$$R = \frac{\rho l}{S} \tag{10.12}$$

材料が力を受けて，長さ Δl，固有抵抗値 $\Delta \rho$，抵抗値 ΔR だけ変化すると，ポアソン比を ν として，次式が成り立つ（演習問題 10.3 参照）．

$$m = \frac{\Delta R}{R} = \frac{\Delta \rho}{\rho} + \frac{\Delta l}{l}(1 + 2\nu) \tag{10.13}$$

ここで，m は感度を意味し，右辺第 1 項は**移動度**（mobility）の変化，第 2 項は幾何学的変化による抵抗値の変化を表す．金属で 1.7〜2.2 程度である．半導体結晶は第 1 項が大きく，第 2 項は小さい．薄膜上に蒸着し，適当な機械的コンプライアンスに感度を上げている．

(3) 強誘電体による圧力計

水晶，チタン酸バリウム，ロッシェル塩などの強誘電体に圧力をかけると，表面に電荷が誘起される．これを圧電現象といい，この現象を利用して圧力が測定できる．

発生する電荷 Q は，加えた力 F に比例する．比例定数 k を圧電定数という．

$$Q = kF \tag{10.14}$$

122   第 10 章　応用計測

Q を直接測定してもよいが，コンデンサの容量変化を発振器の周波数変化にして検出した方が実際的である．強誘電体はヒステリシスや温度特性に欠点をもち，安定な素子を得るのが難しい．

10.3.4　温度から電気への変換

温度は，材料分野や物性分野では重要な因子であるが，測定環境内で温度勾配ができやすく，測定が難しい対象である．次に，温度を電気量に変換するいくつかの例を述べる．

(1)　熱電対

2 種の異なる導体の一端を接合し，接合端と他端に温度差を与えると熱起電力が生じる．これを**ゼーベック効果**といい，この現象を利用して温度が測定できる．ゼーベック効果による温度測定素子を**熱電対**という．表 10.2 に代表的な熱電対を示す．熱電対には基準温度が必要であり，0°C の氷水がよく使われる．測定点と計測点が離れているときには，導線の長さを補償しなければならない．各メーカーで補償導線が定められている．熱電対は工業用途が多いため，許容差として JIS C1602-1995 でクラス別に示されている．

表 10.2　各種熱電対の特性

種類（記号）	測定温度範囲 [°C]	感　度 [μV/°C]
銅-コンスタンタン（T）	$-200 \sim 300$	45
鉄-コンスタンタン（J）	$-200 \sim 700$	52
クロメル-コンスタンタン（E）	$-200 \sim 750$	84
クロメル-アルメル（K）	$-200 \sim 1200$	40
白金-白金ロジウム（R）	$0 \sim 1450$	6.5

(2)　測温抵抗体

金属の電気抵抗の温度依存性により温度が測定できる．直線性がよいので白金が使用され，50 Ω と 100 Ω のものがある．熱電対のように基準温度は必要としないが，感度が低い．測定点が遠い場合，指定された延長ケーブルを使用する．温度の測定精度は，抵抗値の測定精度に依存する．抵抗計測にはいくつかの方式があるが，ここでは，ホイートストンブリッジ（5.1.3 項）での測定法を説明する．図 10.12 に測定回路を示す．平衡条件は次のようになる．

$$2 \text{ 線式の平衡条件}: R_x = \frac{R_1(R_3 + r_2)}{R_2 + r_1} - 2r \tag{10.15}$$

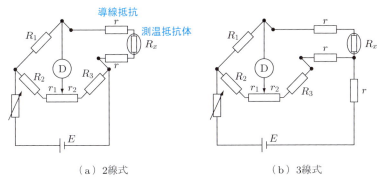

図 10.12 測温抵抗体とブリッジの接続

$$3線式の平衡条件: R_x = \frac{R_1(R_3 + r_2)}{R_2 + r_1} + \frac{r(R_1 - R_2 - r_1)}{R_2 + r_1} \qquad (10.16)$$

上の2式からわかるように，2線式でケーブルの抵抗 r を補償するのは難しいが，3線式では式 (10.16) の右辺第2項を0とすれば，測定範囲全域で0とはできないが，r の影響を軽減できる（演習問題 10.4 参照）．実際は，ケーブルの抵抗値は電子回路で補償している．

(3) サーミスタ

サーミスタ（thermistor; thermal sensitive resistor）は，金属（Fe, Co, Ni, Cr, Cu など）の酸化物に少量の添加物を混合し，焼結した素子である．抵抗値が高いためリード線の抵抗値が無視でき，導線の補償回路は不要である．高感度で応答速度も速く，安価であるが，互換性，直線性，精度に難点がある．サーミスタには，温度上昇とともに抵抗値が下降する **NTC**（negative temperature coefficient）サーミスタと，逆特性の **PTC**（positive temperature coefficient）サーミスタがある．

(4) 高確度温度計

代表的な高確度温度計としては，**NQR**（nuclear quadrupole resonance, **核4重極共鳴**）を利用したものと，**水晶**を利用したものがある．NQR 温度計は，$KClO_3$ 中の Cl^{35} の核4重極共鳴の温度特性を利用したもので，経時変化もなく高分解能（10^{-3} °C）の温度計である．標準温度計として利用される．**水晶温度計**は水晶発振器の温度特性を利用したもので，10^{-4} °C の分解能をもつ．

10.3.5 光－電気変換

光を電気信号に，電気信号を光に変換する技術の進歩はめざましいものがあり，従来の測定法にない特徴から，電気・電子計測においてもこの技術が広く採り入れられている．

電気・電子計測で光を電気信号に変換する方法には，次のようなものがある．
  ① 半導体 pn 接合や pin 接合，あるいは金属と半導体の接合部に光を当てると導電性が上昇する現象を利用する．
  ② 光のエネルギーによる温度上昇を利用する．
  ③ 太陽電池

(1) 光電子増倍管

金属表面に光を当てると，電子が放出される．電子の質量，速度，電荷を m, v, e とし，光の振動数を ν とすると，次式が成り立つ．ここで，h はプランクの定数，ϕ は仕事関数である．

$$\frac{1}{2}mv^2 = h\nu = e\phi \tag{10.17}$$

電子の放出は光子のエネルギー $h\nu$ に依存し，光の強度とは無関係である．$h\nu < e\phi$ では，電子は放出されない．光が放出されない限界の波長を**限界波長** λ_0 といい，次式となる．

$$\lambda_0 = \frac{c}{\nu} = \frac{12000}{\phi} \text{ Å} \tag{10.18}$$

光によって放出された電子を，正電圧をかけた陽極に引きよせて，光－電気変換を行う電子管を光電管という．光電管には**真空光電管**と**ガス入り光電管**があり，ガス入り光電管は感度はよいが，応答速度は遅い．

光により励起された電子を1次，2次，…の補助電極（**ダイノード**）に衝突させ，加速・増倍させ，感度を上げた電子管を，**光電子増倍管**という．構造を図 10.13 に示す．

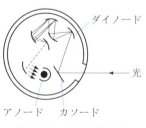

図 10.13　光電子増倍管

(2) フォトダイオード，フォトトランジスタ

2種あるいは3種の半導体の接合部に光を当てると，電子が励起されて起電力が生じ，電流が流れる．pn接合に流れる電流は次式となる．

$$i = I_s \left\{ \exp\left(\frac{eV}{kT}\right) - 1 \right\} - I_{sh} \tag{10.19}$$

ここで，I_s, I_{sh}, e, V, k, T は，逆飽和電流，短絡光電流，電子電荷，電圧，ボルツマン定数，絶対温度である．

フォトダイオードの電流は電圧と負荷電圧で決定されるが，**フォトトランジスタ**はベース端子にバイアス電圧をかけられる構造となっている．

高感度，高速素子として，**pinダイオード**，**アバランシェダイオード**がある．

(3) サーミスタボロメータ

光を吸収体に吸収させ，温度の上昇をサーミスタで測定すると，光の強度を測定できる．この原理はマイクロ波でも利用され，絶対測定が可能であるが（8.3節），応答速度が遅く感度も低い．

(4) CCD

ビデオカメラの撮像素子として使用されている **CCD**（charge coupled device）は，小型，軽量で高電圧が不要であることから，従来の撮像管にとって代わった．フォトトランジスタ **MOSイメージセンサ**と，BBD（bucket brigade device）がある．計測技術や画像処理には欠かせない素子である．

10.3.6 磁気－電気変換

半導体磁気センサ（ホール素子，磁気抵抗素子，磁気ダイオード）が，従来のサーチコイルに代わって使用されている．いずれも，キャリアが磁界で曲げられる効果を利用したものである（6.1.3項）．磁気センサは，機械系との組合せにより，長さや変位のセンサに利用できる．応答も速く，塵埃や油などの悪環境に強く，長寿命で応用範囲の広い素子である．

10.4 遠隔測定

遠隔地にある計測器を計測・制御するシステムを**遠隔測定**（テレメータ；telemeter）という．テレメータの歴史は古く，1910年代のアメリカ，ドイツでの電力事業にその最初の例を見ることができる．今日では，電力関係はもちろん，ガス，水道，防災，医

学, 宇宙事業, 気象観測など, さまざまな分野でテレメータ技術が使われている.
データ伝送線路も, 金属電線, 光ケーブル, 電波とさまざまな媒体が利用され, 情報通信技術の進歩をはじめ, アナログからディジタルへとその変容の様は目を見張るものがある. テレメータの普及とともに測定精度も向上し, 総合的なデータ管理が可能になった. テレメータのモデルを図 10.14 に示す.

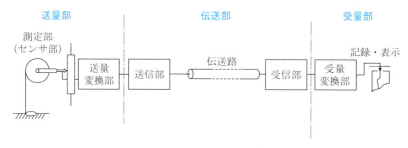

図 10.14　テレメータモデル

送量部は, 測定量をトランスデューサ（10.3.1 項）を用いて電気信号に変換し, 伝送部に適した形式に変換する. 伝送部は, 送信部, 伝送路, 受信部の三つから構成される. 受量部は変換部と指示部から構成され, 信号を送信時形式に復元し, 表示や記録を行う.

テレメータを, 伝送部の形式や方法で分類すると, 次のようになる.
　　　①信号の伝送方式による分類…直送式／搬送式
　　　②信号の形式による分類…アナログ式／ディジタル式
　　　③伝送路による分類…有線テレメータ／無線テレメータ

10.4.1　直送式

直送式は, 測定量に比例した大きさの電圧・電流を直接伝送路に送る方式である. 電圧・電流方式と, 平衡式がある. 平衡式は, 出力の一部を入力部に帰還し, 入力部と平衡を保ちながら情報伝送を行うもので, 電流・電圧方式より長距離伝送が可能である.

(1)　電圧・電流方式

図 10.15 に, 電圧・電流方式のモデルを示す. l, $\dot{Z}$, $\dot{Y}$ を線路の長さ, 単位長直列インピーダンス, 並列アドミタンスとする. 送信側電圧, 電流を $\dot{V}_1$, $\dot{I}_1$, 受信側電圧, 電流を $\dot{V}_2$, $\dot{I}_2$ とし, 電源電圧を V_0, 電源内部抵抗を R_1, 受信側負荷抵抗を R_2 とすると, 次式が成り立つ（式 (8.1) 参照）.

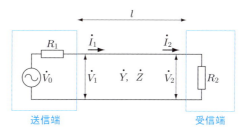

図 10.15　直送式電圧・電流方式のモデル

$$\frac{\dot{V}_0}{\dot{V}_2} = \cosh\dot{\gamma}l + \frac{R_1}{\dot{Z}_0}\sinh\dot{\gamma}l + \frac{\dot{Z}_0}{R_2}\sinh\dot{\gamma}l + \frac{R_1}{R_2}\cosh\dot{\gamma}l \tag{10.20}$$

$$\frac{\dot{I}_1}{\dot{I}_2} = \frac{R_2}{\dot{Z}_0}\sinh\dot{\gamma}l + \cosh\dot{\gamma}l \tag{10.21}$$

ここで, $\dot{V}_1 = \dot{V}_0 - \dot{I}_1 R_1$, $\dot{V}_2 = \dot{I}_2 R_2$ であり, $\dot{Z}_0 = \sqrt{\dot{Z}/\dot{Y}}$, $\dot{\gamma} = \sqrt{\dot{Z}\dot{Y}}$ はそれぞれ線路の**特性インピーダンス**, **伝搬定数**である. $\sqrt{\dot{Z}\dot{Y}}\,l \ll 1$ とすると, 次式を得る.

$$\frac{\dot{V}_0}{\dot{V}_2} \simeq 1 + \frac{R_1 + \dot{Z}l}{R_2} + \left\{ R_1\left(1 + \frac{\dot{Z}l}{2R_2}\right) + \frac{\dot{Z}l}{2} \right\}\dot{Y}l \tag{10.22}$$

$$\frac{\dot{I}_1}{\dot{I}_2} \simeq 1 + \left(R_2 + \frac{\dot{Z}l}{2}\right)\dot{Y}l \tag{10.23}$$

直送式では $\dot{V}_0 \simeq \dot{V}_2$, $\dot{I}_1 \simeq \dot{I}_2$ が望ましいから,

$$|R_1 + \dot{Z}l| \ll R_2, \quad \dot{Y}l \simeq 0 \quad \text{(電圧式)}$$

$$R_2 \ll |1/\dot{Y}l|, \quad |\dot{Z}l| \ll |1/\dot{Y}| \quad \text{(電流式)}$$

の条件が必要である.

　電圧式では, 線路の直列インピーダンス, 電源の内部抵抗を小さくし, 負荷抵抗を大きくする. 電流式では, 並列アドミタンスが小さく, 負荷抵抗を小さくしたシステムとする. 電圧式の方が実現しやすいが, 電流式の方が雑音の影響を受けにくい.

(2) 電圧平衡式

　図 10.16 に**電圧平衡式**の原理図を示す. 変換部で直流電圧に変換された量を直流電流に変換し, 電流負帰還をかけてシステムを安定させる. 増幅器の増幅率が大きいときは, 次式となる.

$$\frac{I_2}{E_1} \simeq \frac{1}{R_f} \tag{10.24}$$

この回路の入力インピーダンスは非常に高く製作されているので, 変換器を接続し

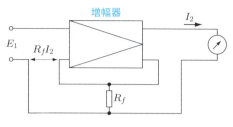

図 10.16　電圧平衡式の原理

ても測定回路を乱さない．

(3) 位置平衡式
①差動変圧器：

図 10.17 (a) に，差動変圧器（10.3.2 項 (1)）を用いた自動平衡形の変位測定器を示す．D_1 が変位すると，1次電圧 V_{s1} と 2次電圧に V_{s2} に差が生じ，サーボモータ M が $D_2 = D_1$ まで回転する．この方式は，電源や伝送線の抵抗，変圧器の非直線性に関係なく伝送できる特徴がある．

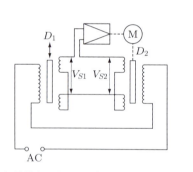

（a）差動変圧器による自動平衡法の変位測定　　（b）シンクロモータの結線図

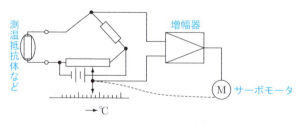

（b）ブリッジ平衡式の構成図

図 10.17　直送式位置平衡式テレメータ

②シンクロモータ (synchro motor, 商品名 selsyn):
　位置や角度の平衡式として，**シンクロモータ**を利用したものが有名である．直流，単相，二相の3方式がある．図 10.17 (b) に単相シンクロモータを示す．回転子には単相巻線が，固定子には三相巻線が環状に巻かれている．送量側の回転位置に生じる電圧が受量側の固定子に伝達され，受量側の回転子を駆動する．受量側の回転子が送量側の回転子と同じ位置にくると，固定子の電圧が相殺され停止する．
③ブリッジ平衡式:
　ブリッジ平衡式は，図 10.17 (c) のように変位を可変抵抗で検出し，変化した抵抗をブリッジの一辺として平衡をとる．ブリッジの不平衡電圧でサーボモータを回転させて可変抵抗を変化させ，ブリッジの平衡をとる．抵抗温度計，抵抗線ひずみ計に使われている．

10.4.2 搬送式

　搬送式は，計測された情報を高周波（**搬送波**）に乗せて伝送する方式のことである．情報を搬送波に乗せることを**変調**といい，情報を取り出すことを**復調**（**検波**）という．
　搬送式は直送式に比べて装置は複雑になるが，雑音に強く，遠方まで伝送できる．

(1) アナログ方式

　伝送途中の伝送損失に影響されないようにシステムが設計されている．図 10.18 のように，一つの伝送路を多重化し，多チャンネル化されているのが一般的である．現在では，伝送路上は周波数変調方式か**周波数偏移方式**（frequency shift; FS）が多く，**振幅変調**（amplitude modulation; AM）方式はほとんど使用されなくなった．図 10.19 に FS 方式の波形を示す．

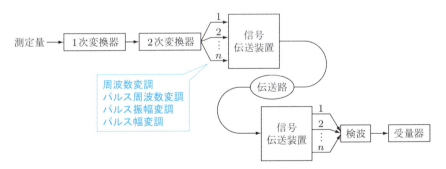

図 10.18　搬送式アナログ遠隔測定ブロック図

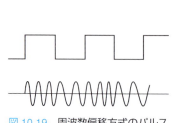

図10.19 周波数偏移方式のパルスとアナログ波形の関係

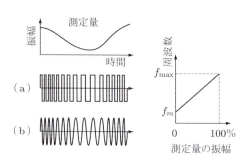

図10.20 パルス変調におけるパルス周波数と信号周波数

①パルス周波数変調（pulse frequency modulation; PFM）：

図10.20のように，被測定量を2次変換器でパルスに変換し，それをFS方式で伝送する方式である．中心周波数のオンオフだけで変換できるので，アナログ方式でもっとも多く使用されている方式である．

②周波数変調（frequency modulation; FM）：

この方式は，PFMパルスをフィルタに通し，基本波だけを利用する方式である．基本的にはPFMと同じであるが，PFMより質の高い伝送ができる．医用，航空関係など，高い応答性と長距離伝送が必要な場合に使用される．

③その他の方式：

図10.21のように，信号をサンプリングし，サンプリング値に比例した振幅，幅，位置を変化させ，測定量を伝送する方式を，**パルス振幅変調**（pulse amplitude modulation; PAM），**パルス幅変調**（pulse width modulation; PWM），**パルス位置変調**（pulse position modulation; PPM）という．コスト，効率面で劣るのであまり利用されていない．

(2) ディジタル方式

ディジタル方式は，図10.22のように，アナログ量を符号化して伝送する方式である．ここでいうディジタル方式は，伝送線路上もディジタル信号のものをいう．有線方式，無線方式があり，各種の伝送方式が考案されている．符号化した測定量を1列に並べてかたまりで伝送するなど，表10.3に示す利点もあり，伝送路も整備されるにつれますます発展するシステムである．

10.4 遠隔測定

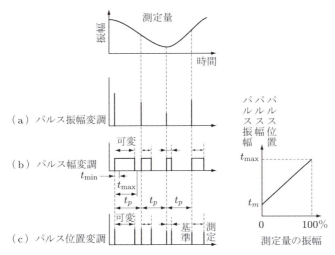

図 10.21　パルス振幅変調，パルス幅変調，パルス位置変調

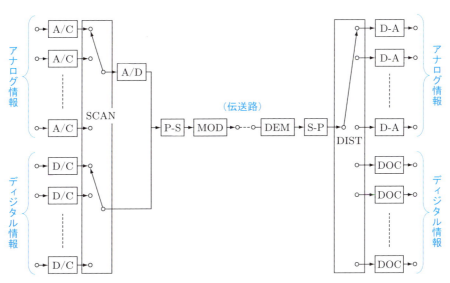

MOD：変調器　　　　　　SCAN：走査器
DEM：復調器　　　　　　DIST：分配器
P-S：送信符号変換器　　　A-D：A-D変換器
S-P：受信符号変換器　　　D-A：D-A変換器
　　　　　　　　　　　　DOC：ディジタル情報出力変換器

図 10.22　ディジタル情報伝送装置ブロック図

表 10.3 アナログ式遠隔測定とディジタル式遠隔測定との比較

項　目	アナログ式	ディジタル式
伝送モード	並列伝送（狭帯域多チャネル）（周波数分割）	直列伝送（広帯域1チャネル）（時分割）
応答時間（レスポンス）	伝送情報量，帯域幅（精度）にほとんど関係なく，連続的で速い	伝送情報量（精度），伝送速度（帯域幅）に関係し，間欠的
精度	直列に入る回路の個々の精度が相乗され，個々のハード上の制約を受ける	本質的にはA-D，D-A変換器の誤差とサンプリング周期（量子化誤差）だけが関係するので，伝送情報量を増やせば変換器の誤差だけになり，精度を上げられる
安定性（レベル，電源，温度変化に対して）	環境条件の影響を受けやすい（誤差を生じやすい）	環境条件の影響を受けにくい（誤差を生じにくい）
雑音，瞬断の影響	直接的に影響を受ける（情報記憶能力なし）	符号検定により防止できる（情報記憶能力あり）
精度の維持	定期的かつ精密な点検が必要	常時監視が可能
回路構成	簡単（部品点数が少ない）	複雑（部品点数が多い）
伝送速度（伝送路）	一般に50ボーが使われる	一般にレスポンスの関係から200ボー以上が使われている
出力形式	アナログ出力のみ，ディジタル出力のときはA-D変換器が必要	ディジタル，アナログのどちらかまたは両方を容易に出力できる
入力形式	アナログまたはオン-オフ入力のみ	アナログのほかにパルスコード（ディジタル）入力が可能
情報処理	アナログ記録計，アナログ演算，アナログ接続	ディジタル記録（作表），ディジタル接続
経済性	伝送器が少ないときは経済的（個別部分が多い）	伝送量が多いときは経済的（共通部分が多い）

演習問題

10.1 雑音指数 F の定義から Y 係数を求めよ（式 (10.4) から式 (10.5) を求めよ）．

10.2 問図 10.1 の波形をフーリエ級数で展開すると，次式となる．第 7 高調波までのひずみ率は何％か．

$$f(t) = \frac{4}{\pi}\sin\omega t + \frac{4}{3\pi}\sin 3\omega t + \frac{4}{5\pi}\sin 5\omega t + \frac{4}{7\pi}\sin 7\omega t + \cdots$$

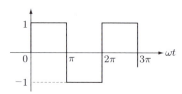

問図 10.1

演習問題 133

10.3 式 (10.12) から式 (10.13) を導け.

10.4 式 (10.16) において，右辺第 2 項が 0 となる条件を求めよ.

演習問題解答

第1章

1.1 (1) 直接測定　(2) 零位法　(3) 絶対測定　(4) 置換法　(5) 非破壊測定　(6) 間接測定　(7) 零位法　(8) 偏位法

1.2 $DG = 1$，dB 表示で $D + G = 0$，$\therefore G = 40\,\mathrm{dB}$

1.3 もっとも正確な測定：③，もっとも精密な測定：②

1.4 $\bar{x} = \dfrac{1}{N}\displaystyle\sum_i x_i = 4972$, $\sigma = \sqrt{\dfrac{1}{N-1}\sum(x_i - \bar{x})^2} \simeq 801.2$

1.5 式 (1.12) から $\alpha = 4.800 \times 10^{-4}$, $R_0 = 3.045$ となる．よって，$t = 13°\mathrm{C}$ では $R = 3.051\,[\Omega]$ となる．

1.6 電流計がないときの電流値は $5\,\mathrm{A}$ であり，$4.95\,\mathrm{A}$ 以上になる内部抵抗値を求める．電流計の内部抵抗を r とし，

$$\dfrac{100}{5 + 10(r+10)/(r+10+10)} \times \dfrac{10}{r+10+10} \geq 4.95$$

となる．よって，$r \leq 0.135\,\Omega$ となる．

1.7 電圧計がないときの電圧値は $75\,\mathrm{V}$ であり，$74.25\,\mathrm{V}$ 以上になる内部抵抗を求める．電圧計の内部抵抗を $r\,[\mathrm{k}\Omega]$ とし，

$$100 \times \dfrac{3r/(3+r)}{1 + 3r/(3+r)} \geq 74.25$$

となる．よって，$r \geq 74.25$ となる．

1.8 抵抗値，長さ，直径をそれぞれ R, l, D とすると，抵抗率は次式となる．

$$\rho(R, l, D) = R\dfrac{\pi D^2}{4l}$$

それぞれ ΔR, Δl, ΔD の誤差を含むとすると，ρ の誤差 $\Delta\rho$ は次式となる．

$$\Delta\rho = \dfrac{\partial \rho}{\partial R}\Delta R + \dfrac{\partial \rho}{\partial l}\Delta l + \dfrac{\partial \rho}{\partial D}\Delta D, \quad \dfrac{\Delta\rho}{\rho} = \dfrac{\Delta R}{R} - \dfrac{\Delta l}{l} + 2\dfrac{\Delta D}{D}$$

$|\Delta\rho/\rho| = |\Delta R/R| + |\Delta l/l| + 2|\Delta D/D|$ となり，直径を抵抗値および長さの 2 倍の精度で測定する必要がある．

1.9 1.5.2 項 (1) 有効数字を参照．

第2章

2.1 仕事量：$\mathrm{kg}\cdot\mathrm{m}^2\cdot\mathrm{s}^{-2}$，仕事率 [W]：$\mathrm{kg}\cdot\mathrm{m}^2\cdot\mathrm{s}^{-3}$，電圧：$\mathrm{kg}\cdot\mathrm{m}^2\cdot\mathrm{s}^{-3}\cdot\mathrm{A}^{-1}$

2.2 式 (2.4) より，$\Delta E = -41.5 \times 10^{-6}\,\mathrm{V}$

2.3　2.5.2 項参照.

第 3 章

3.1　$(1+\alpha_0 t)/(1+\alpha_1 t) \simeq 1 + (\alpha_0 - \alpha_1)t$ と展開し，式 (3.1) の分母を次式のように t を含む項と含まない項に分ける．

$$R_0(1+\alpha_0 t) + R_2 \left\{ \frac{R_0(1+\alpha_0 t)}{R_1(1+\alpha_1 t)} + 1 \right\}$$

$$= R_0(1+\alpha_0 t) + R_2 + \frac{R_0 R_2}{R_1} + (\alpha_0 - \alpha_1)t \frac{R_0 R_2}{R_1}$$

$$= R_0 + R_2 + \frac{R_0 R_2}{R_1} + \left\{ \alpha_0 R_0 + (\alpha_0 - \alpha_1)\frac{R_0 R_2}{R_1} \right\} t$$

$R_2 = \alpha_0 R_1/(\alpha_1 - \alpha_0)$ を満足すると，上式の最後の項は 0 となり，t に関係ない式となる．

3.2　$dI/I = d\theta/\theta$ であるから，θ の減少とともに双曲線関数的に誤差が大きくなる．

3.3　平均値を求めればよい．
　　(1) 0 V　(2) 0.5 V　(3) 0.5 V

3.4　実効値を求めればよい．
　　(1) 0.707 V　(2) 0.577 V　(3) 0.707 V

3.5　v の実効値を計算する．よって，指示値は次のようになる．

$$\sqrt{\frac{1}{T}\int_0^T v^2 dt} = \sqrt{{V_1}^2 + {V_2}^2}$$

3.6　(1) 熱電形　(2) 電流力計形　(3) 可動鉄片形　(4) 整流形　(5) 可動コイル形

3.7　$(r+20) \times 0.2 = 100$ より，$r = 480\,\Omega$ となる．

3.8　1 アンペア計，10 アンペア計として使用するとき，電流値は解図 3.1 となる．

$$100 \times 5 \times 10^{-3} = (r_1 + r_2) \times 995 \times 10^{-3}$$

$$(100 + r_2) \times 5 \times 10^{-3} = r_1 \times 9995 \times 10^{-3}$$

より，$r_1 = 5.025 \times 10^{-2}\,\Omega$，$r_2 = 4.523 \times 10^{-1}\,\Omega$ となる．

3.9　式 (3.11) より，$C = 111.1\,\mathrm{pF}$ となる．

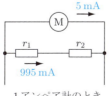 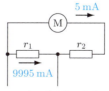

　　1 アンペア計のとき　　　　10 アンペア計のとき

解図 3.1

3.10 M は次のようになる.
$$M = \frac{V_1}{V_2} = \frac{C_1 + C_2}{C_1}$$
また，I_1, I_2 をそれぞれ C_2, Z に流れる電流とすると，
$$M' = \frac{V_1}{V_2} = \frac{(I_1 + I_2)/(j\omega C_1) + I_1/(j\omega C_2)}{I_1/(j\omega C_2)}$$
$$= \frac{C_1 + C_2}{C_1} + \frac{I_2 C_2}{I_1 C_1} = M + \frac{1}{j\omega C_1 Z}$$
となる．よって，α は次のようになる．
$$\alpha = \left|\frac{M'}{M}\right| = \sqrt{1 + \frac{1}{\omega^2 Z^2 (C_1 + C_2)^2}}$$

第 4 章

4.1 (1) ピーク値保持回路と電子計器 (2) 反照形検流計，電子計器 (3) 計器用変圧器（PT）と可動鉄片形計器 (4) ロゴスキーコイルと波形記録付オシロスコープの組合せ

4.2 検流計および電池 E_x の内部抵抗をそれぞれ r_g, r_e とすると，問図 4.1 の等価回路は解図 4.1 (a) となる．E_x が $E_x + \Delta E_x$ に変化したとき，図 (b) の等価回路より，Δi_g は次式となる．
$$\Delta i_g = \frac{\Delta E_x}{\alpha(1-\alpha)R + r_g + r_e}$$
よって，$\alpha(1-\alpha)R$ が最大のとき感度が最小になる．$\alpha(1-\alpha) = 1/4 - (\alpha - 1/2)^2$ より，$\alpha = 0.5$ となる．

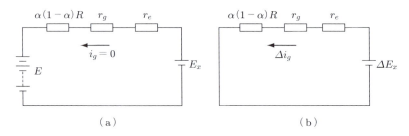

解図 4.1

4.3 前問において，$\alpha = 0.5$, $R = 30\,\mathrm{k\Omega}$, $\Delta E_x = 10\,\mathrm{\mu V}$, $r_e = 10\,\mathrm{k\Omega}$ として Δi_g を求める．$\Delta i_g = 0.571\,\mathrm{nA}$ となる．

4.4 θ が小さいとき，$\tan 2\theta \simeq 2\theta$ から $\Delta l/L = 2\Delta\theta$ となる．よって，単位電流あたり $\Delta\theta \geq \Delta l/(2L)\,[\mathrm{rad}]$ の感度が必要である．したがって，次のようになる．
$$\frac{5}{2 \times 1.5 \times 10^3} \cdot \frac{180}{\pi} \div 0.01 = 9.55\,\mathrm{deg/\mu A}$$

4.5 電圧計が接続されている抵抗値を r とすると,次式が成り立つ.
$$v_1 = r(I + i_1), \quad v_2 = r(I + i_2)$$
よって,次のようになる.
$$I = \frac{v_2 i_1 - v_1 i_2}{v_1 - v_2}$$

4.6 (1) 電力計の電流コイルと負荷に流れる電流:$100/(5+20) = 4\,\mathrm{A}$,$R$ にかかる電圧:$100 \times 20/(20+5) = 80\,\mathrm{V}$,電力計の指示値:$4 \times 100 = 400\,\mathrm{W}$,負荷消費電力:$4 \times 80 = 320\,\mathrm{W}$

(2) 電力計の電圧コイル抵抗と R の合成抵抗:$19.96\,\Omega$,電力計に流れる電流:$100/(5+19.96) = 4.006\,\mathrm{A}$,負荷電流:$4.006 \times 10^4/(10^4 + 19.96) = 3.99\,\mathrm{A}$,負荷電圧:$100 - (5 \times 4.006) = 80\,\mathrm{V}$,電力計の指示値:$4.006 \times 80 = 320\,\mathrm{W}$,負荷消費電力:$3.99 \times 80 = 319\,\mathrm{W}$

4.7 式 (4.12) より,$\phi + 30° = 90°$ ∴ $\phi = 60°$ となる.よって $\cos\phi = 0.5$ となる.

4.8 負荷にかかる電圧,電流,力率をそれぞれ V,I,$\cos\phi$ とし,スイッチを開いたときの V と電圧コイルに流れる電流 I'_v の位相角を ϕ' とする.解図 4.2 に互いの位置関係を示す.
$$P_1 = VI\cos\phi \tag{1}$$
$$P_2 = \frac{VRI}{\sqrt{R^2 + (1/\omega C)^2}} \cos(\phi + \phi')$$
$$= \frac{R}{\sqrt{R^2 + (1/\omega C)^2}} VI(\cos\phi\cos\phi' - \sin\phi\sin\phi') \tag{2}$$

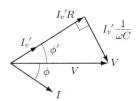

解図 4.2

P_2/P_1 に
$$\cos\phi' = \frac{R}{\sqrt{R^2 + (1/\omega C)^2}}, \quad \sin\phi' = \frac{1/\omega C}{\sqrt{R^2 + (1/\omega C)^2}}$$
を代入し,$\cos\phi = 1/\sqrt{1 + \tan^2\phi}$ を利用すると,力率は
$$\cos\phi = \frac{1}{\sqrt{1 + (\omega CR)^2[1 - \{1 + 1/(\omega CR)^2\}P_2/P_1]^2}}$$
となる.式 (2) に式 (1) を代入し,$VI\sin\phi$ を求めると,無効電力 $Q = VI\sin\phi = \omega CRP_1 - \{\omega CR + 1/(\omega CR)\}P_2$ となる.

L を接続したときも同様に,
$$P_1 = VI\cos\phi$$

138 演習問題解答

$$P_2 = \frac{R}{\sqrt{R^2 + (\omega L)^2}} \, VI(\cos\phi\cos\phi'' + \sin\phi\sin\phi'')$$

から，次のようになる．ただし，ϕ'' は SW を開いたとき電圧コイルに流れる電流と電圧との位相差とする．

$$\cos\phi = \frac{\omega L}{\sqrt{(\omega L)^2 + \{(R^2 + \omega^2 L^2)P_2/(P_1 R) - R\}^2}}$$
$$Q = VI\sin\phi = [P_2\{R^2 + (\omega L)^2\} - P_1 R^2]/(R\omega L)$$

4.9 各線の相電圧を $v_1, v_2, \ldots, v_n$ とし，電流を $i_1, i_2, \ldots, i_n$ とすると，全電力は

$$p = \sum_{j=1}^{n} v_j i_j$$

となる．キルヒホッフの法則より，

$$\sum_{j=1}^{n} i_j = 0, \ \therefore \ v\sum_{j=1}^{n} i_j = \sum_{j=1}^{n} i_j v = 0$$

となる．ここで，$v = v_n$ として p に代入すると，

$$p = \sum_{j=1}^{n} v_j i_j - \sum_{j=1}^{n} v_n i_j = \sum_{j=1}^{n-1}(v_j - v_n)i_j + (v_n - v_n)i_n = \sum_{j=1}^{n-1}(v_j - v_n)i_j$$

となる．$v_j - v_n$ は j 番目と n 番目の線間電圧であり，$n-1$ 個の電力計で測定できる．

第 5 章

5.1 電流値が 4 A のときは，電圧計に流れる電流は $40/5000 = 8$ mA で，4 A に比べて無視でき，$R = 40/(4 - 0.008) \simeq 10.0\,\Omega$ となる．すなわち，電圧計の値と電流計の値で計算した値（$10\,\Omega$）と考えてよい．

電流値が 48 mA のときは，$R = 40/(0.048 - 0.008) = 1000\,\Omega$ となり，電圧計の値と電流計の値で計算した値（$40/0.048 = 833\,\Omega$）に補正が必要である．

5.2 鳳 – テブナンの定理より，解放電圧を V，端子 ab から見た回路の抵抗を R とすると，次式を得る．

$$\frac{V}{100 + R} = 0.8, \quad \frac{V}{200 + R} = 0.48$$

これより V，R を求めると，$V = 120$ V，$R = 50\,\Omega$ となる．よって，$120/(50 + 50) = 1.2$ A となる．

5.3 鳳 – テブナンの定理より，次のようになる．

(1) 解図 5.1 の bc から見たインピーダンス $R_i = PR/(P + R) + XQ/(X + Q) = 100.025\,\Omega$，スイッチ開いたときの bc 間の電圧 $V_0 = 2.5$ mV となる．よって，求める電流 $i = V_0/(R_i + r_g) = 12.5 \times 10^{-6}$ A となる．

(2) (1) と同じ手順で求めると，$i = 4.13 \times 10^{-6}$ A となり，(1) の方が感度が高い．

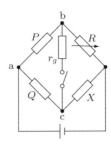

解図 5.1

5.4 異種金属接続の熱起電力による誤差を軽減するため.

5.5 3点 A, B, C の接地抵抗をそれぞれ r_a, r_b, r_c とすると,
$$r_a + r_b = 3.48\,\Omega, \quad r_b + r_c = 3.69\,\Omega, \quad r_c + r_a = 3.21\,\Omega$$
となる. よって, $r_a = 1.50\,\Omega$, $r_b = 1.98\,\Omega$, $r_c = 1.71\,\Omega$ となる.

5.6 一方の図の電圧軸を逆にして, 解図 5.2 のように重ね, 電流値が同じ点（交点）が動作点となる. よって, $V_A \simeq 300\,\mathrm{V}$, $V_B \simeq 200\,\mathrm{V}$, $I \simeq 3\,\mathrm{A}$ となる.

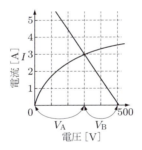

解図 5.2

5.7 (1) $(R_x + j\omega L_x)/j\omega C_1 = R_2(R_3 + 1/j\omega C_3)$ より, $R_x = C_1 R_2/C_3$, $L_x = R_2 R_3 C_1$ となる.

(2) $\dfrac{R_3}{j\omega C_2} = \left(R_x + \dfrac{1}{j\omega C_x}\right)\left(\dfrac{R_1/j\omega C_1}{R_1 + 1/j\omega C_1}\right)$

より, $R_x = R_3 C_1/C_2$, $C_x = R_1 C_2/R_3$ となる.

(3) C, R, R_3 の部分を解図 5.3 のように Δ-Y 変換する.

$$\left.\begin{aligned}
Z_1 &= \frac{R_3/j\omega C}{R + R_3 + 1/j\omega C} = \frac{R_3}{1 + j\omega C(R + R_3)} \\
Z_2 &= \frac{R/j\omega C}{R + R_3 + 1/j\omega C} = \frac{R}{1 + j\omega C(R + R_3)} \\
Z_3 &= \frac{RR_3}{R + R_3 + 1/j\omega C} = \frac{j\omega C R R_3}{1 + j\omega C(R + R_3)}
\end{aligned}\right\} \quad (1)$$

解図 5.4 より, 平衡条件 $Z_1(R_x + j\omega L_x) = R_1(R_4 + Z_3)$ に式 (1) を代入し, 次のようになる.

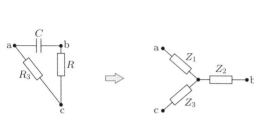

解図 5.3   解図 5.4

$$R_x = \frac{R_1 R_4}{R_3}, \quad L_x = \frac{CR_1}{R_3}(RR_3 + RR_4 + R_3 R_4)$$

(4) 回路の相互誘導の部分で解図 5.5 (a) の閉ループに方程式を立てると，次式となる．

$$-j\omega M(I_1 + I_2) + (R_4 + j\omega L_4)I_2 = 0$$

この式より，図 (b) として等価的に表現できる．

等価回路より平衡条件を求めると，次のようになる．

$$R_2\{R_4 + j\omega(L_4 - M)\} = j\omega M\left(R_1 + \frac{1}{j\omega C}\right)$$

$$\therefore R_2 R_4 = \frac{M}{C}, \quad R_2 L_4 = M(R_1 + R_2)$$

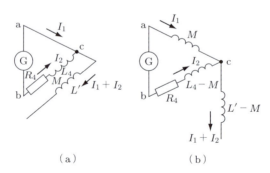

(a)   (b)

解図 5.5

5.8
$$Q_1 = \frac{\omega L_0}{R_0} = \frac{1}{\omega C_1 R_0}, \quad Q_2 = \frac{\omega(L_x + L_0)}{(R_0 + R_x)} = \frac{1}{\omega(R_0 + R_x)C_2}$$

より L_x, R_x を求める．

$$L_x = \frac{C_1 - C_2}{\omega^2 C_1 C_2}, \quad R_x = \frac{C_1 Q_1 - C_2 Q_2}{\omega C_1 C_2 Q_1 Q_2}$$

演習問題解答　　　141

第6章

6.1　運動方程式は次式のようになる.
$$I \frac{d^2\theta}{dt^2} = -MB \sin\theta$$

振動が小さいときは $\sin\theta \simeq \theta$ であり, 次の2階の線形微分方程式に帰着される.
$$I \frac{d^2\theta}{dt^2} = -MB\theta$$

この解を $\theta = A\sin(\omega t + \phi)$ とすると, $\omega = \sqrt{MB/I}$, $T = 2\pi/\omega = 2\pi\sqrt{I/(MB)}$ となる.

6.2　$J\,d^2\theta/dt^2 = Gi$ より,
$$J \frac{d\theta}{dt} = G \int_0^t i\,dt = GQ \qquad (Q は t 秒間に流れた全電荷)$$

となる. 可動コイルの運動エネルギーと位置エネルギーの和は一定であるから, 最大振れ角 $\theta_{\max}$ で運動エネルギーは0となる.
$$\frac{1}{2}\tau\theta_{\max}{}^2 = \frac{1}{2}J\left(\frac{d\theta}{dt}\right)^2$$

から, $\theta_{\max} = (G/\sqrt{\tau J})Q$ となる. よって, $\theta_{\max}$ は Q に比例する.

6.3　生体に含まれる水や脂肪の分布を断層画像として観察する診断技術に応用されている. X線のようなダメージを与えることなく, 比較的手軽に利用でき, CTのようにきれいな断層画像を得ることができる. 今日では幅広い分野でその利用が定着している.

6.4　$W_1 = k_1 f_1 + k_2 f_1{}^2$, $W_2 = k_1 f_2 + k_1 f_2{}^2$ より, k_1, k_2 を求める.
$$k_1 = \frac{W_1 f_2{}^2 - W_2 f_1{}^2}{f_1 f_2 (f_2 - f_1)}, \quad k_2 = \frac{W_1 f_2 - W_2 f_1}{f_1 f_2 (f_1 - f_2)}$$

6.5　40 dB は 10^{-4} V である ($20\log(v/1) = 40$ より, $v = 10^2\,\mu$V).

　　公称インピーダンス R と同じ値の負荷を接続したときの消費電力は $V^2/4R$ となる. よって, 次のようになる.
$$20\log\frac{10^{-4}}{2\sqrt{50 \times 10^{-3}}} = -73.01\,\text{dBm}$$

6.6　(1) $x^2 + y^2 = A^2(\cos^2\omega t + \sin^2\omega t) = A^2$ より, 半径 A の円となる.

(2) $x = A\cos 2\omega t = A(1 - 2\sin^2\omega t) = A(1 - 2y^2/A^2)$ より, 次式を得る.
$$Ax + 2y^2 = A^2$$

よって, 2次曲線となる.

(3) $x = A\left(\sin\omega t\cos\frac{\pi}{6} + \cos\omega t\sin\frac{\pi}{6}\right) = A\left(\frac{\sqrt{3}}{2}\sin\omega t \pm \frac{1}{2}\sqrt{1 - \sin^2\omega t}\right)$ より, 次式を得る.
$$\frac{4}{A^2}x^2 - \frac{4\sqrt{3}}{A^2}xy + \frac{4}{A^2}y^2 = 1$$

座標軸を反時計回りに θ 回転させ, $(x,y) \to (X,Y)$ と変換する.

142 演習問題解答

$$x = X\cos\theta - Y\sin\theta, \quad y = X\sin\theta + Y\cos\theta$$

より,

$$\frac{4}{A^2}\big\{(1 - \sqrt{3}\cos\theta\sin\theta)X^2 - \sqrt{3}(\cos^2\theta - \sin^2\theta)XY$$

$$+ (1 + \sqrt{3}\cos\theta\sin\theta)Y^2\big\} = 1$$

となる. $\theta = \pm\pi/4$ とすると XY の項を消去でき,

$$\frac{4(1 - \sqrt{3}/2)}{A^2}X^2 + \frac{4(1 + \sqrt{3}/2)}{A^2}Y^2 = 1$$

となる. よって, 長径 $A/\sqrt{1 - \sqrt{3}/2}$, 短径 $A/\sqrt{1 + \sqrt{3}/2}$ の 45° 傾いた楕円となる.

第 7 章

7.1 $1/(2 \times 20000) = 2.5 \times 10^{-5}\,\mathrm{s} = 25\,\mu\mathrm{s}$ 以下でなければならない.

7.2 $0 \sim 10\,\mathrm{V}$ を 256 区間に分けると 1 区間の幅は $39.0625\,\mathrm{mV}$ になり, その $1/2$ が量子化誤差となるので, $19.53\,\mathrm{mV}$ になる.

第 8 章

8.1 (1) $\Gamma_v = (3 - 1)/(3 + 1) = 0.5$ となる.

(2) $\dot{z}(x) = \dfrac{1 + 0.5e^{-j\,2\beta x}}{1 - 0.5e^{-j\,2\beta x}} = \dfrac{1 + 0.5e^{-j\,4\pi x/\lambda}}{1 - 0.5e^{-j\,4\pi x/\lambda}}$

より, 正規化インピーダンス $\dot{z}$ は $x = 0$, $1.5\,\mathrm{cm}$ $(0, \lambda/2)$ で最大値 3, $x = 0.75$, $2.25\,\mathrm{cm}$ $(\lambda/4, 3\lambda/4)$ で最小値 $1/3$ をとる. 最大インピーダンスは $3 \times 50 = 150\,\Omega$, 最小インピーダンスは $1/3 \times 50 = 16.7\,\Omega$ となる.

(3) $Z_0 = Z_L$ で整合がとれた状態.

(4) どちらも反射係数が ∞ となり, 入射波はすべて反射される.

8.2 $\dot{z}$ に $\dot{\Gamma}_v$ を代入して,

$$\dot{z} = r + jx = \frac{1 + U + jV}{1 - (U + jV)} = \frac{1 - U^2 - V^2}{(1 - U)^2 + V^2} + j\,\frac{2V}{(1 - U)^2 + V^2}$$

実部と虚部をそれぞれ等しいとおくと,

$$r = \frac{1 - U^2 - V^2}{(1 - U)^2 + V^2}, \quad x = \frac{2V}{(1 - U)^2 + V^2}$$

となる. これらを整理すると, 次のようになる.

$$\left(U - \frac{r}{1 + r}\right)^2 + V^2 = \left(\frac{1}{1 + r}\right)^2, \quad (U - 1)^2 + \left(V - \frac{1}{x}\right)^2 = \frac{1}{x^2}$$

$\therefore$ $r =$ 一定は, 半径 $\dfrac{1}{1 + r}$, 中心 $\left(\dfrac{r}{1 + r}, 0\right)$ の円となる.

$x =$ 一定は, 半径 $\dfrac{1}{x}$, 中心 $\left(1, \dfrac{1}{x}\right)$ の円となる.

演習問題解答 143

8.3 マイクロ波電力を P_w とする．マイクロ波が無入力のときのボロメータ消費電力は $R_0 I_1{}^2/4$，マイクロ波入力時のボロメータ消費電力は $P_w + R_0 I_2{}^2$ となる．二つの電力を等しいとおくと，式 (8.9) が導かれる．

第9章

9.1 電極間の電界：V/a，電荷の受ける力：qV/a，加速度：$\alpha = qV/(am)$ より，電極通過直後の変位 y_1 は，

$$y_1 = \frac{1}{2}\alpha t_1{}^2 = \frac{qVl^2}{2v^2 am} \qquad \left(t_1 = \frac{l}{v}：電極を通過する時間\right)$$

となる．電極通過直後の y 方向速度は，

$$v_y = \alpha t_1 = \frac{qVl}{amv}$$

となる．よって，偏位 y は次のようになる．

$$y = y_1 + vt_2 = \frac{qVl^2}{2amv^2} + \frac{qVLl}{amv^2} \qquad \left(t_2 = \frac{L}{v}：電荷が L を伝搬する時間\right)$$

9.2 入力信号電圧を v_1，オシロスコープへの入力電圧を v_0 とすると，

$$\frac{v_0}{v_1} = \frac{R_2/(1+j\omega C_2 R_2)}{R_1/(1+j\omega C_1 R_1) + R_2/(1+j\omega C_2 R_2)} = \frac{1}{1 + \dfrac{1+j\omega C_2 R_2}{1+j\omega C_1 R_1} \cdot \dfrac{R_1}{R_2}}$$

となる．ここで，$R_1 C_1 = R_2 C_2$ とすると，$v_1/v_2 = R_2/(R_1 + R_2)$ となる．

9.3 $1/(2\pi \times 10 \times 10^3 \times 10 \times 10^{-12}) = 1.59\,\mathrm{M\Omega}$ となる．

第10章

10.1
$$N_0 = GkT_0 B + (F-1)GkT_0 B,$$
$$N_1 = GkT_1 B + (F-1)GkT_0 B$$
$$= GkT_0 B + (F-1)GkT_0 B + Gk(T_1 - T_0)B$$
$$= FGkT_0 B + Gk(T_1 - T_0)B$$

より，次のようになる．

$$Y = \frac{N_1}{N_0} = \frac{FT_0 + (T_1 - T_0)}{FT_0} = 1 + \frac{T_1/T_0 - 1}{F}$$

$$\therefore \ F = \frac{T_1/T_0 - 1}{Y - 1}$$

10.2 $D = \sqrt{(1/3)^2 + (1/5)^2 + (1/7)^2} \simeq 0.41414 = 41.4\,\%$ となる．

10.3 式 (10.12) より，

$$\frac{\Delta R}{R} = \frac{\Delta \rho}{\rho} + \frac{\Delta l}{l} - \frac{\Delta S}{S}$$

である．材料の形状を直径 D の円柱とすると，$S = \pi D^2/4$ より，

$$\frac{\Delta S}{S} = 2\frac{\Delta D}{D}, \quad \nu = -\frac{\Delta D/D}{\Delta l/l}$$

となる.

$$\therefore \ m = \frac{\Delta R}{R} = \frac{\Delta \rho}{\rho} + \frac{\Delta l}{l}(1 + 2\nu)$$

10.4 　第 2 項を 0 とするためには, $R_1 = R_2 + r_1$ であればよい. 平衡条件を満足させながら条件を満足することは難しいが, $R_1 \fallingdotseq R_2 + r_1$ は可能であるため, 2 線式に比べて r の影響はかなり軽減できる.

参考文献

[1] 電子情報通信学会編, 菅野　允著：改訂電磁気計測, コロナ社（1991）
[2] 電子情報通信学会編, 都築泰雄著：電子計測（改訂版）, コロナ社（2000）
[3] 西野　治：電気計測, コロナ社（1985）
[4] 成田賢仁, 阿部武雄：近代電子計測工学, 電気書院（1972）
[5] 森崎重夫：電気計測, コロナ社（1970）
[6] 美咲隆吉：電子応用計測, 学献社（1983）
[7] 豊田　実：電気計測学, 朝倉書店（1975）
[8] 三好正二：電子計測, 東京電機大学出版局（1983）
[9] 大重　力：電気計測, 森北出版（1983）
[10] 浅野健一, 岡本知巳, 久米川孝二, 山下晋一郎：電子計測, コロナ社（1986）
[11] 江村　稔：基本電子計測, コロナ社（1989）
[12] 池田三穂司：計器用変成器, 電気書院（1962）
[13] 電子情報通信学会編, 浜川圭弘著, センサデバイス, コロナ社（1994）
[14] 西野　治：入門電気計測, 実教出版（1982）
[15] 熊谷信昭, 板倉清保：超高周波回路, オーム社（1969）
[16] ラッシィ著, 山中惣之助訳：通信方式, マグロウヒル（1986）
[17] 電気学会大学講座：測定値の統計的処理, 電気学会（1973）
[18] 今井　聖：DA・AD 変換器, 産報出版（1974）
[19] ゴールド, レーダー著, 石田晴久訳：電子計算機による信号処理, 共立出版（1970）
[20] 山口次郎, 前田憲一, 平井平八郎：電気電子計測, オーム社（1993）
[21] 国立研究開発法人産業技術研究所　計量標準総合センター　ホームページ
https://www.nmij.jp/library/traceability/
[22] 独立行政法人製品評価技術基盤機構　ホームページ
https://www.nite.go.jp/iajapan/jcss/
[23] 中村秀司　"電流標準の現状と展望"国立研究開発法人産業技術研究所計量標準報告　技術資料 Vol. 8, No. 4, pp.441–463

索 引

■英数先頭

2 次電子　105
2 倍電力法　114
3 電圧計法　52
3 電流計法　52
A-D 変換器　41
AIST　16
AM　129
BBD　125
CCD　125
CERI　16
CRT　41, 105
CT　38
FM　130
FS　129
JEMIC　16
MOS イメージセンサ　125
NICT　16
NMIJ　16
NQR　123
NTC　123
PAM　130
PFM　130
pin ダイオード　125
PPM　130
PT　38
PTC　123
PWM　130
Q メータ　73
SI 単位系　12
t 分布　5
U 字管式　121
χ^2 分布　5

■あ 行

亜酸化銅　32
圧電起電力　118
アナログ式　126
アナログ電子計器　22
アバランシェダイオード　125
アンペア　13

位相調整装置　57
位置平衡式　128
一貫性のある組立単位　13
移動磁界　34
移動度　121
移動平均法　5
陰極線管　105
ウィーンブリッジ　72
ウェストン電池　19
ウェーバ　15
ウォルフ　20
うず電流　56
液晶ディスプレイ　107
液晶パネル　41
エプスタイン法　82
エレクトロニックカウンタ　97
遠隔測定　125
演算増幅器　82
オシロスコープ　105
オーム　15
温度補償　27

■か 行

回帰直線　6
回転磁界　34
外部雑音　113
回路計　63
ガウスの誤差法則　4
化学物質評価研究機構　16
核磁気共鳴　79
核 4 重極共鳴　123
確率密度　5
過剰雑音比　114
ガス入り光電管　124
カタール　15
カーチス巻　21
可動コイル形計器　27, 43
可動鉄片形　44
可動鉄片形計器　29, 43
カドミウム電池　19

可変抵抗器　45
間接測定　2
カンデラ　13
感　度　4
器　差　3
基礎物理定数　13
基本単位　13
キャンベルブリッジ　71
球ギャップ　49
局部発振器　110
キログラム　13
偶然誤差　3
駆動装置　24, 25
くま取りコイル　35, 58
組立単位　13
クリドノグラフ　49
クリープホール　58
グレイ　15
クレーマ式直流変流器　48
クロスキャパシタ　17, 18
クロメル-コンスタンタン　122
クーロン　15
計器の 3 要素　24
計器用変圧器　38, 39, 44, 49
計器用変流器　38, 40
系統誤差　3
軽負荷補償装置　58
ケルビン　13
ケルビンダブルブリッジ　65
ケルビン-バーレー回路　46
ゲルマニウム　32
限界波長　124
減極材　19
検　波　129
検流計　44, 47
公称変成比　39
後進波　100
高速フーリエ変換　111
光電子増倍管　124
交流磁化特性　81

索 引　147

交流ブリッジ　69
国際単位系　12
国際度量衡委員会　12
国際度量衡局　12
国際度量衡総会　12
誤　差　2, 4
誤差の伝搬　7
誤差百分率　3
誤差率　3, 8
国家計量標準　15, 16
国家計量標準機関　12
コーラッシュブリッジ　67, 68
コンスタンタン　33

■さ　行
最小 2 乗法　6
最大雑音電力　113
サーチコイル　78
雑　音　113
雑音指数　113
差動変圧器　119, 128
サーボモータ　128
サーミスタ　123
サーミスタ補償回路　27
サーミスタボロメータ　125
サーミスタマウント　104
産業技術総合研究所　16
残　差　6
三相電力量計　58
三相無効電力　54
サンプリング　92
サンプリングオシロスコープ
　　109
シェーリングブリッジ　70
磁化特性　81
磁気スケール　120
磁気ダイオード　125
磁気抵抗効果　79
磁気抵抗素子　120, 125
磁気ひずみ現象　118
磁気変調器　80
視　差　26
指示計器　22
自然雑音　113
シーベルト　15
ジーメンス　15
ジャイロ磁気比　79
周波数カウンタ　97
周波数偏移方式　129

周波数変調　130
ジュール　15
衝撃検流計　78, 81
情報通信研究所　16
ジョセフソン効果　16, 17
シリコン　32
磁力計　77
真空光電管　124
シンクロスコープ　106
シンクロモータ　129
人工雑音　113
真　値　2, 4, 6
振幅変調　129
水　晶　121, 123
水晶温度計　123
水晶発振器　70
スウィンバーン回路　27
ステラジアン　15
スペクトラムアナライザ　110
すべり線抵抗器　45
スミスチャート　101
正確さ　4
正規化インピーダンス　100
正規分布　5
制御装置　24, 25
静電形計器　33, 43, 44
静電電圧計　49
静電偏向　105
精　度　4
制動装置　24, 25
精密さ　4
整流形　43
整流形計器　32
整流器　32, 41
積形ブリッジ　70
積分器　82
絶縁抵抗計　66
接触電位差　47
絶対測定　2
接地抵抗　67
ゼーベック効果　122
セルシウス度　15
セレン　32
センサ　118
前進波　100
選択レベル計　80, 115
前置変換器　94
潜　動　58
相対誤差　3

相対補正　3
測温抵抗体　122

■た　行
ダイノード　124
ダイヤル形抵抗器　45
単　位　1, 12
単相電力量計　56
置換法　2
チタン酸バリウム　121
直接測定　2
直送式　126
直流磁化特性　81
直流電位差計　44
直列インダクタンスブリッジ
　　70
直角相ブリッジ　17, 19
ツェナーダイオード　20
ディケードタイプ　71
抵抗線ひずみ計　121
抵抗の絶対測定　19
抵抗分圧器　49
定在波比計　101
ディジタル LCR メータ　73
ディジタルオシロスコープ
　　107
ディジタル計器　22, 41
ディジタル式　126
ディジタルストレージオシロス
　　コープ　107
ディジタル電圧計　94
ディジタル方式　130
ディップメータ　86
テスタ　63
テスラ　15
鉄－コンスタンタン　33, 122
鉄　損　57, 81, 82
電圧降下法　62, 64, 66, 67
電圧定在波比　101
電圧反射係数　100
電圧標準器　19
電圧平衡式　127
電界強度計　115
電気諮問委員会　16
電気抵抗厚さ計　120
電子計器　44
電磁偏向　105
電磁誘導作用　118
伝搬定数　99, 127

148　索　引

電流定在波比　101
電流反射係数　100
電流比較形電位差計　46
電力形計器　31
電力計形　43
電力計形計器　51, 52, 54
銅－コンスタンタン　33, 122
特性インピーダンス　99, 127
トランスデューサ　118, 126
トリガパルス　106
トレーサビリティ　15

■な　行
ナイキストの標本化定理　92
内部雑音　113
ニクロム　33
日本計器検定所　16
ニュートン　15
熱起電力　20, 45, 47, 118
熱雑音　3
熱電形　43, 44
熱電形計器　32
熱電対　32, 122
熱量計　102
のこぎり波　105

■は　行
バイファイラ巻　21
倍率　107
倍率器　31, 36, 43
パスカル　15
白金　33
白金－白金ロジウム　122
発光ダイオード　41
バール　52
パルス位置変調　130
パルス周波数変調　130
パルス振幅変調　130
パルス幅変調　130
搬送式　126
搬送波　129
比較測定　2
光起電力　118
光ポテンショメータ　120
ピーク値測定　50
比誤差　39
ヒステリシス損　83
ひずみ率計　116
皮相電力　52, 58

秒　13
標準　12, 16
標準器　12, 16, 19
標準抵抗器　20
標準偏差　5
標本化　92
標本値　92
標本平均　5
比率計形計器　35, 58
比例辺ブリッジ　70
ファラデー素子　49
ファラド　15
フォトダイオード　125
フォトトランジスタ　125
フォン・クリッツィング　17
復調　129
不偏推定量　5
ブラウン管　105
ブリッジ平衡式　129
ブルドン管　121
ブロンデルの法則　54, 55
分圧器　49
分散　5
分流器　31, 36
分流器の倍率　36
平均値　5, 6
ヘイブリッジ　71
並列容量ブリッジ　70
ベクレル　15
ヘビサイドブリッジ　71
ヘルツ　15
ベローズ　121
偏位法　2
偏差　5
変成器ブリッジ　71
変調　129
ヘンリー　15
ホイートストンブリッジ　63
補償装置　56
補正　2
補正値　2
補正百分率　3
補正率　3
ポテンショメータ　119
母平均　5
ホール起電力　118
ホール効果　78
ホール素子　48, 78, 125
ボルツマン定数　113

ホール定数　78
ボルト　15
ボルトアンペア　52
ボロメータ　102

■ま　行
マクスウェルブリッジ　71
間違い　3
丸め　10
丸めの誤差　9
マンガニン－コンスタンタン　33
無効電力　52
無線テレメータ　126
メガー　66
メートル　13
メートル条約　12
メートル法　12
モル　13

■や　行
有効数字　9
有効電力　52, 58
有線テレメータ　126
誘導形計器　34
有能雑音電力　113
ユニバーサルカウンタ　97
容量形変圧器　38
容量分圧器　43, 49

■ら　行
ラジアン　15
リサージュ図形　86
硫酸銅分圧器　49
量子化　93
量子ホール効果　16, 17
臨界制動状態　25
リン青銅　25
ルクス　15
ルーメン　15
零位法　2, 44, 63
レーザ変流器　49
レベル計　115
ロゴスキーコイル　50
ロジックアナライザ　109
ロジックスコープ　109
ロッシェル塩　121

■わ　行
ワット　15, 52

著 者 略 歴

阿部　武雄（あべ・たけお）
　　1926 年　新潟県小千谷市に生まれる
　　1949 年　東京工業大学電気工学科卒業
　　1959 年　千葉工業大学電子工学科助教授
　　1966 年　新潟大学工学部教授
　　1987 年　新潟大学工学部長
　　1991 年　新潟大学名誉教授
　　1995 年　新潟工科大学学長
　　2001 年　新潟工科大学学長退任
　　2017 年　逝去
　　　　　　（工学博士）

村山　実（むらやま・みのる）
　　1943 年　新潟県長岡市に生まれる
　　1966 年　新潟大学工学部電気工学科卒業
　　1971 年　新潟大学工学部電子工学科修士課程修了
　　1971 年　長岡工業高等専門学校電気工学科助手
　　1977 年　カナダマニトバ州立大学 Ph. D. コース前期課程修了
　　1985 年　長岡技術科学大学助教授
　　1988 年　新潟産業大学教授
　　2008 年　新潟産業大学退職
　　2008 年　新潟産業大学名誉教授

　編集担当　太田陽喬（森北出版）
　編集責任　富井　晃（森北出版）
　組　　版　プレイン
　印　　刷　丸井工文社
　製　　本　　同

電気・電子計測 (第 4 版)　　　　　© 阿部武雄・村山　実　2019

1988 年 5 月 31 日	第 1 版第 1 刷発行	【本書の無断転載を禁ず】
1993 年 9 月 30 日	第 1 版第 9 刷発行	
1994 年 12 月 20 日	第 2 版第 1 刷発行	
2011 年 8 月 10 日	第 2 版第 19 刷発行	
2012 年 11 月 1 日	第 3 版第 1 刷発行	
2019 年 2 月 8 日	第 3 版第 7 刷発行	
2019 年 11 月 13 日	第 4 版第 1 刷発行	
2023 年 12 月 25 日	第 4 版第 5 刷発行	

著　　　者　阿部武雄・村山　実
発 行 者　森北博巳
発 行 所　森北出版株式会社
　　　　　　東京都千代田区富士見 1-4-11（〒102-0071）
　　　　　　電話 03-3265-8341／FAX 03-3264-8709
　　　　　　https://www.morikita.co.jp/
　　　　　　日本書籍出版協会・自然科学書協会　会員
　　　　　　JCOPY　＜（一社）出版者著作権管理機構　委託出版物＞

落丁・乱丁本はお取替えいたします.

Printed in Japan／ISBN978-4-627-70544-9